# 一百头牛的大祭

## ——科学发现99

主　　编　中国科普作家协会少儿专业委员会
执行主编　郑延慧
作　　者　冯中平　李毓佩　严　慧
插图作者　吴文渊

广西科学技术出版社

**图书在版编目（CIP）数据**

一百头牛的大祭：科学发现99/ 冯中平，李毓佩，严慧著. —南宁：广西科学技术出版社，2012.8（2020.6重印）

（科学系列99丛书）

ISBN 978-7-80619-815-5

Ⅰ. ①一… Ⅱ. ①冯… ②李… Ⅲ. ①自然科学—青年读物 ②自然科学—少年读物 Ⅳ. ① N49

中国版本图书馆 CIP 数据核字（2012）第 190692 号

科学系列99丛书

# 一百头牛的大祭
## ——科学发现99

YIBAITOUNIU DE DAJI——KEXUE FAXIAN 99

冯中平　李毓佩　严慧　著

| | | | |
|---|---|---|---|
| **责任编辑** 黎志海 | | **封面设计** 叁壹明道 | |
| **责任校对** 罗　宇 | | **责任印制** 韦文印 | |

**出 版 人**　卢培钊

**出版发行**　广西科学技术出版社

　　　　　　（南宁市东葛路66 号　邮政编码 530023）

**印　　刷**　永清县晔盛亚胶印有限公司

　　　　　　（永清县工业区大良村西部　邮政编码 065600）

**开　　本**　700mm×950mm　1/16

**印　　张**　13

**字　　数**　167千字

**版次印次**　2020 年 6 月第 1 版第 4 次

**书　　号**　ISBN 978-7-80619-815-5

**定　　价**　25.80 元

# 致二十一世纪的主人

## 钱三强

　　时代的航船已进入 21 世纪，在这时期，对我们中华民族的前途命运，是个关键的历史时期。现在 10 岁左右的少年儿童，到那时就是驾驭航船的主人，他们肩负着特殊的历史使命。为此，我们现在的成年人都应多为他们着想，为把他们造就成 21 世纪的优秀人才多尽一份心，多出一份力。人才成长，除主观因素外，在客观上也需要各种物质的和精神的条件，其中，能否源源不断地为他们提供优质图书，对于少年儿童，在某种意义上说，是一个关键性条件。经验告诉人们，往往一本好书可以造就一个人，而一本坏书则可以毁掉一个人。我几乎天天盼着出版界利用社会主义的出版阵地，为我们 21 世纪的主人多出好书。广西科学技术出版社在这方面做出了令人欣喜的贡献。他们特邀我国科普创作界的一批著名科普作家，编辑出版了大型系列化自然科学普及读物——《少年科学文库》（以下简称《文库》）。《文库》分"科学知识"、"科技发展史"和"科学文艺"三大类，约计 100 种。《文库》除反映基础学科的知识外，还深入浅出地全面介绍当今世界最新的科学技术成就，充分体现了 20 世纪 90 年代科技发展的前沿水平。现在科普读物已有不少，而《文库》这批读物特具魅力，主要表现在观点新、题材新、角度新和手法新，内容丰富，覆盖面广，插图精美，形式活泼，语言流畅，通俗易懂，富于科学性、可读性、趣味性。因此，说《文库》是开启科技知识宝库的钥匙，缔造 21 世纪人才的摇篮，并不夸张。《文库》

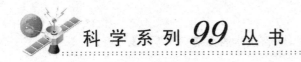

将成为中国少年朋友增长知识、发展智慧、促进成才的亲密朋友。

　　亲爱的少年朋友们，当你们走上工作岗位的时候，呈现在你们面前的将是一个繁花似锦的、具有高度文明的时代，也是科学技术高度发达的崭新时代。现代科学技术发展速度之快，规模之大，对人类社会的生产和生活产生影响之深，都是过去无法比拟的。我们的少年朋友，要想胜任驾驭时代航船，就必须从现在起努力学习科学，增长知识，扩大眼界，认识社会和自然发展的客观规律，为建设有中国特色的社会主义而艰苦奋斗。

　　我真诚地相信，在这方面《少年科学文库》将会对你们提供十分有益的帮助，同时我衷心地希望，你们一定为当好 21 世纪的主人，知难而进锲而不舍，从书本、从实践吸取现代科学知识的营养，使自己的视野更开阔、思想更活跃、思路更敏捷，更加聪明能干，将来成长为杰出的人才和科学巨匠，为中华民族的科学技术实现划时代的崛起，为中国迈入世界科技先进强国之林而奋斗。

　　亲爱的少年朋友，祝愿你们奔向 21 世纪的航程充满闪光的成功之标。

# 科学发现告诉我们什么

科学是一种在历史上起推动作用的、革命的力量。

当我们站在告别 20 世纪的台阶上，准备迎接 21 世纪，迎接一个充满机遇和挑战的高新科技时代到来的时候，不能不想到那许许多多给人类社会带来巨大进步的科学发现。一般地说，正是由于种种科学发现，使人类认识了自然的本质、自然的客观规律，而人类才得以在取得各种发现的基础上，衍生出许许多多促进人类工农业生产、增进人类健康、战胜疾病的技术发明。也正是在诸多科学发现的基础上，科学本身不断发展进步，构筑起系列的、日益提高和丰富的科学大厦。这正是科学发现本身的意义和价值。

在这本书里，共选编了 99 个科学发现事例。几千年来，科学家得到的发现是那么丰富，我们只能按照数学、物理、化学、天文、气象、地理、地质、生物、生理、医学几大方面，各选了若干科学发现的典型事例。入选的角度，是根据我们的少年读者对象的特点考虑，科学发现的过程比较生动有趣，科学发现的本身比较容易理解的，还有不少事例少年读者在小学和初中的相关课程中都将接触到，只是教科书往往只有提炼出来的公式或定律，而很少介绍它们被发现的生动过程和有趣的发现经历。这些事例恰恰可以帮助我们进一步理解和记住那些重要的自然规律。

这 99 个科学发现还告诉了我们一些什么呢？

首先我们将体会到，每一个科学发现，那些打开科学大门的钥匙，无一例外地都来自于问号，也就是说，强烈的好奇心，想弄清楚其中的

"为什么",是科学发现的起点和发源地。

从这些事例中,我们可以体会到,不少知识的秘密是被那些非常平凡而默默无闻的人所发现的,往往不是享有盛名的人发现的。所以我们对于自己在科学上的探索要充满信心,不必将科学发现看成是神秘或高不可攀的事情。

这些事例还告诉我们,自然界的秘密常常非常公平地出现在每一个人的面前,然而,有的人却视而不见,有的人则非常敏锐地将发现的苗头抓住了,并且锲而不舍地穷追到底,直到得出结果。这里面有科学的思维问题,还有科学的方法问题,所以我们要注意锻炼科学思维,培养敏锐的观察力、联想力、推理力;还要学习一些科学的研究方法,如设计实验、跟踪探索等。有一位科学家说得好:"良好的方法使我们更好地运用天赋的才能,而拙劣的方法则可能阻碍才能的发挥,甚至可能扼杀了可贵的创造才华。"

还有,从许多科学发现的事例中,我们认识到,许多重大的发现往往不是一个人独立发现的,它们当中有的是经历了几代人或好几代人的摸索、探究才得到的发现;也有的是在同一时代,由好几个人合作研究才得到的发现。所以,一方面,我们要善于从前人的研究或探索中汲取智慧、经验和教训,还要培养与他人共同研究的合作精神。现代科学的发展,越来越表现出多门学科的互相影响、互相渗透,孤军奋战而想获得重大成果的可能性越来越小,甚至几乎不存在了。合作精神不但在科学研究中需要注意培养,在其他的领域,要想获得事业上的成功也是十分重要的,合作精神是重要而又十分宝贵的心理素质之一。

这本书是由冯中平、李毓佩、严慧三位作者合作完成的。我们希望少年读者们会喜欢它,同时也诚恳地希望能听到大家的意见和感想。

作者

# 目　录

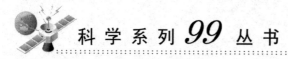

# 1  100头牛的大祭
## ——勾股定理的发现

现在我们都知道，在一个直角三角形中，两个垂边的平方的和等于斜边的平方，用代数式表达就是 $a^2+b^2=c^2$，用我国古代数学家赵爽（公元3世纪）的话就是："勾股各自乘，并之为弦实，开方除之即弦。"比赵爽更早的是约在公元前11世纪的周朝初年，数学家商高就提出了"勾广三，股修四，径隅五。"意思就是一个直角三角形的勾边为3，股边为4，那么，它的弦（径）边就是5，所以在我国又称为"商高定理"或"勾股定理"。

在西方，人们认为，最早发现这一几何定理的人是古希腊学者毕达哥拉斯。

毕达哥拉斯是生活在公元前6世纪～公元前5世纪的哲学家，他创立了一个毕达哥拉斯学派，对数学和天文学都有不少发现。勾股定理是怎样发现和证明的，现在已经缺乏可靠的记载，但是有记载说毕达哥拉斯发现这一定理时，非常高兴，他命人宰了100头牛去祭掌管文艺、科学的女神缪斯。令人很难想象在当时的历史条件下，怎么有可能宰杀100头牛，并摆设出一个庞大的祭场，因此后人也有说事实上只杀了一头牛，其他是用面粉做成牛的形状祭神的。在西方，这一定理就叫做"毕达哥拉斯定理"，也有为纪念毕达哥拉斯宰百牛祭神的，把它称为"百牛定理"。它是最早发现的几何定理之一。

那么具体证明这一定理的是谁呢？人们普遍应用的是欧几里得给出的证明。欧几里得是生活在公元前4世纪～公元前3世纪时的希腊数学

家，同时也是一位教育家。他将当时人们已
经发现的和他自己研究出来的几何定理，整
理成一本名叫《几何原本》的著作，那上面
详细记载了一些几何定理的发现和证明。关
于毕达哥拉斯定理的证明，只要看了左边给
出的几何图形，对于 $a^2+b^2=c^2$ 的定理，不
需要文字解释就可一目了然。直角三角形
$ABC$，它的三条边分别是 3，4，5，这点我
国古代数学家早已提出："勾 3 股 4 弦 5。"
$a$ 边（勾）为 3，它的自乘是 $3^2$，也就是它

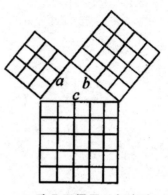

**欧几里得用几何方法**
证明 $a^2+b^2=c^2$

的正方形面积为 9；$b$ 边（股）为 4，它的自乘是 $4^2$，也就是它的正方
形面积为 16；而它的 $c$ 边（弦）5，自乘是 $5^2$，也就是它的正方形面积
为 25。

　　$3^2+4^2=9+16=25=5^2$，也就是 $a^2+b^2=c^2$。

古埃及人已经知道，如果三角形两边平方的
和等于第三边的平方，则三角形为直角三角形

　　古埃及人也早已知道勾股定理，他们不但知道"直角三角形的两条直角边的平方的和，等于斜边的平方"，还知道这一定理的逆定理，那就是"如果一个三角形的两边平方的和等于第三边的平方，这个三角形一定是直角三角形"。利用这一逆定理，他们还创造了一种画直角的方法：在一条绳子上打12个距离相等的结，用它绷成一个三角形，使三条边分别为3，为4，为5，那么，边长为5的边所对的角，就一定是直角。埃及由于尼罗河常泛滥，需要经常重新测量土地，因此这一用绳画出直角的方法是很有实用价值的。

（严　慧）

# 2　地中海的谋杀

### ——无理数的发现

　　那位对数很有研究，并且创立了毕达哥拉斯学派的古希腊学者毕达哥拉斯，认为宇宙中的一切关系都可以化为数的关系。他认为万物之间最和谐的关系就是数的关系，偶数被看成是"男人的数"，而奇数则是"女人的数"；而且认为世界上只有两种数：一种是整数，一种是分数。毕达哥拉斯还宣布："任何两个线段之比，都可以用两个整数之比来表示。"

　　但是毕达哥拉斯宣布的这条规则，在实际的数的运算当中却出现了难题。比如说，一个正方形，它的边长为1，那么它的对角线 $L$ 应该是什么数呢？因为根据勾股定理：$a^2+b^2=c^2$，既然正方形的 $a$ 边和 $b$ 边都等于1，那么它的斜边，也就是那根对角线 $L$ 应该等于什么呢？

$$1^2+1^2=L^2, \qquad L^2=1^2+1^2=2,$$

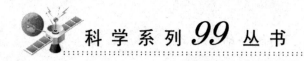

$L^2=2$，$L=$？它不能等于 1，也不能等于 2，等于一个由整数组成的分数吗？也不是。

为了解决这个问题，毕达哥拉斯学派里有一位数学家希伯斯，他对于求对角线长的问题产生了兴趣，不但求正四边形的对角线，还求正五边形的对角线 L。希伯斯发现，对角线 L 和正五边形的 $a$ 边的关系，也不能用一个简单的分数来表示。

于是希伯斯认为，世界上还存在着一种以前人们不认识的新数，这种新数就好像 $1^2+1^2=2$ 中"2"的开方数那样，这个 2 开方以后，即 $\sqrt{2}=$？它既不是整数，而且也不能用简单的分数来表示。

希伯斯发现的这种新数，推翻了毕达哥拉斯宣布的，数只有整数和分数的理论，动摇了毕达哥拉斯学派的基础，毕达哥拉斯学派非常惊慌，下令严密封锁希伯斯的发现，如果有人敢把这一发现泄露出去，就要活埋他！

但是希伯斯的发现还是被许多人知道了，那么是谁把它泄露出去的呢？经过追查，原来正是希伯斯本人。希伯斯违反了教规，是要受到活埋的，希伯斯感觉到了自己处境的危险，就悄悄地逃走了。

希伯斯在国外流浪了好多年，他思念家乡，就偷偷地乘了一艘客船返回祖国希腊，不料仍被毕达哥拉斯学派的人认出来了，他们毫不留情地将希伯斯扔进了地中海，一位在数学上有了新发现的数学家，就这样被谋杀了。

毕达哥拉斯学派的人可以将希伯斯这个人扔进大海，但是他们不能使希伯斯的发现消失。希伯斯发现的新数是一种什么数呢？它不是整数，也不是分数，而是一种无限不循环的小数，如 $\sqrt{2}=1.414213\cdots$，圆周率 $\pi=3.141592\cdots$ 都是这样的数。后来，数学界就将整数、分数等数称为"有理数"，而这种无限不循环的小数则被称为"无理数"。其实，"无理数"并非无理，因为它也是一种客观存在的、不能不承认的数啊！

（李毓佩　严慧）

发现无理数的希伯斯被扔进了大海

# 3　乌龟背上的圈点
## ——幻方的发现

　　传说在很久以前,夏禹治水来到洛水。突然,洛水中浮起一只大乌龟,乌龟背上有一个奇怪的图,图上有许多圈和点。这些圈和点表示什么意思呢？大家一时弄不明白。一个好奇的人数了一下龟背上的圈和点的数目，再用数字表示出来，发现这里面有非常有趣的数的关系。

洛水中浮起一只大乌龟

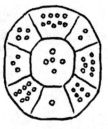

把龟甲上的数填入 3×3 的正方形格子中，不管是把横着的 3 个数相加，还是把竖着的 3 个数相加，或者把斜着的 3 个数相加，其和都等于 15。（见右图 1）

除了我国，别的国家也很早就知道这个神奇的方图。印度人和阿拉伯人认为这个方图具有一种魔力，能够避邪恶、驱瘟疫。直到现在，还可以在印度看见有人在脖子上挂着印有方图的金属片。传说当然不能相信，但是，这种方图却反映了自然数的一种性质。我国古代把这种方图叫"纵横图"或"九宫图"；国外把它叫"幻方"。

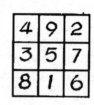

图1

纵横图是怎样排出来的？靠碰运气行吗？不行。下面介绍我国南宋数学家杨辉创造的排列方法：

先画一个图（下页右图2），把 1～9 从小到大斜着排进图中，然后把最上面的 1 和最下面的 9 对调；最左边的 7 和最右边的 3 对调。把最外面的 4 个数，填进中间的空格中（右图 3），就得到了乌龟背上的幻方。

由 9 个数排列出来的是 3 阶幻方。3 阶幻方不一定都用从 1～9 这 9 个自然数来排，用别的整数也可以。关键是要使横、竖、斜行的 3 个数相加都等于同一个数。下面给出的 3 个 3 阶幻方，横、竖、斜行的 3 个数相加都不等于 15 了，但是还等于一个固定数。这个固定数等于多少？你不妨加加看。

在古代，幻方只是一种数学游戏。近代数学家发现，幻方与数学中的一个分支——组合分析有关。现在，它在程序设计、人工智能研究，以及图论、对策论等方面，都有广泛地应用。

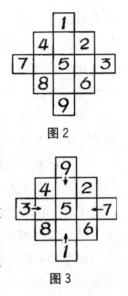

图 2

图 3

（李毓佩）

| 7 | 0 | 5 |
|---|---|---|
| 2 | 4 | 6 |
| 3 | 8 | 1 |

| 11 | 1 | 15 |
|---|---|---|
| 13 | 9 | 5 |
| 3 | 17 | 7 |

| 14 | 0 | 10 |
|---|---|---|
| 4 | 8 | 12 |
| 6 | 16 | 2 |

# 4  田忌赛马，劣势取胜
## ——最早的"对策论"

我国有一个从古代流传下来的历史故事，叫"田忌赛马"。田忌是战国时代齐国的将军，那时常有将军与齐王或与他的诸公子举行赛马活动，每次赛马都以千金作为赌注，所以，赛马的主人对于竞赛的输赢非

常重视。有一次，齐王要和田忌赛马。赛马的规则是，每家各出三匹马，轮流一对一比赛，三场竞赛中赢两场者为胜家。

田忌的马有上、中、下三等，齐王的马也有上、中、下三等，但是田忌心中有数，自己的上、中、下三等马中的每一种，都没有齐王的上、中、下三等马好，这场赛马明明是要输的，千金赌注免不了是要付给齐王的，所以一直心中犹豫不决。

当时在豪门贵族的家中，时兴收养一些门客，他们平时并没有具体的官职，但在主人遇到困难时，或咨询，或出力，门客都是会尽力的。门客中有一位叫孙膑的，知道田忌的心事后，很镇静地对田忌说："将军，您尽管去和齐王赛马就是了，我会有办法让你稳操胜券。"

田忌听了孙膑的计策去与齐王赛马。当齐王出上马时，孙膑让田忌出下马，当然一比就输，齐王还蛮高兴的。第二场比赛，齐王出中马，孙膑让田忌出上马，赢了一场，达到一平。第三场比赛，齐王出下马，田忌出中马，又赢一场。三场比赛田忌赢了两场，当然是田忌得胜，赢得千金赌注。

这就是发生在公元前4世纪战国时代的"田忌赛马"的故事。这个故事之所以流传久远，是因为人们看到了田忌在竞赛的劣势中表现出的机敏和智慧，采取了巧妙的对策使劣势转变为优势，在双方力量对比有悬殊差距的情况下，竟获得胜局。

历史进展到20世纪三四十年代，在第二次世界大战的较量中，人们又从大量这类采取巧妙对策以战胜对方的事例中，认识到这还不仅仅是以巧取胜的智力问题，它还有许多因素是可以纳入数学范畴的，用数学的方法加以推算，从中找到最佳对策方法，以劣势战胜优势；或者在实力相当的条件下，达到确保胜利的目的。这就诞生了一门新的以研究斗争策略、竞赛策略的新兴数学分支，它叫"对策论"。

对策论是由于实际的需要而产生和发展起来的，它应用的范围日渐广泛。比如，在作战中，飞机怎样侦察潜艇的活动，兵力怎样部署，物资怎样调运；在生产中，设备和技术力量怎样安排调配，商品和市场需要怎样协调；特别是在体育竞赛中，怎样根据对方的实力情况安排自己的分组和采用怎样的取胜方法等，这些都是"对策现象"，对策论就是研究这些现象的一门新的分支科学。

再回过头来介绍几句给田忌出奇谋的门客孙膑。他是齐国人，本名不叫孙膑，在齐国曾与庞涓一同学习兵法。后来庞涓在魏国当了将军，觉得自己比不过孙膑，就将他骗到魏国，而后借故给他施了膑刑，就是剜去他的膝盖骨，使他失去行走的能力，这样人们才叫他孙膑。后来孙膑在齐国使臣的保护下逃回齐国，被田忌收留做门客。孙膑是春秋时写《孙子兵法》的作者孙武的后代。孙膑也写了一本兵法叫《孙膑兵法》，现在这两本兵法书都在出土文物中发现了。

（严　慧）

# 5　用"切割"或"逼近"的方法
## ——圆周率的发现

如果知道了一个圆的半径，再想知道它的圆周是多少，这样的问题，在古时候是常常会遇到的。比如说，要做一个木桶，桶底已经准备好了，它的半径也已经知道了，但是一共得准备多长的桶帮才能正好围住桶底呢？

这个简单的几何问题需要用圆周率来计算。为了找到这个圆周率，曾经为难了全世界有学问的人。我国5世纪（南朝）时的天文学家和数学家祖冲之，发现了圆周率在3.1415926与3.1415927之间（现在简化为3.1416）。也就是说，求一个圆的圆周长，用直径的长（两个半径的长）去乘这个3.1416就得到答案了。即

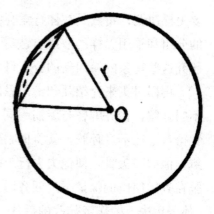

圆周＝2πr（π 就是圆周率，r 是半径长）。

祖冲之是怎么求得这个圆周率的呢？

他先画一个圆内接正六边形，求得每边的长等于半径，又取内接正六边形的一边和圆弧交接的中点，连接两根直线，就是内接正十二边形，它的边长也是可以算出来的。内接正十二边形的边长加起来，就比正六边形的周长更接近圆周的周长。以此类推，就可得出许多内接正多边形，它们的边长也就越来越接近圆周长了。据史书记载，祖冲之一直计算到内接正 12288 边形和正24576 边形，才得出圆周率为 3.1415926和 3.1415927 两个数值。它与近代采用3.1416 作为圆周率的数值已经基本一致，因此在我国圆周率又称"祖率"。

祖冲之的割圆术，先画圆内接正六边形，再取正十二边形……

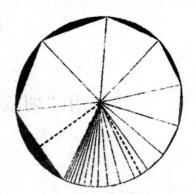

根据祖冲之的割圆术，内接正多边形的边越多，它们内接的边也就越接近圆周的长

不过，人们认为，祖冲之计算圆周率的方法还不是他的首创。公元 263 年，三国时有位数学家刘徽，就采用内接正多边形的方法去求圆周率，他也是从内接正六边形开始，一直计算到内接正192 边形，得出圆周长＝6.282048 这个数值，以直径等于两个半径的 2 去除，得 π＝3.141024。刘徽认为他自己创造的这个方法，等于将圆周割成许多小段，所以特地取了一个名称叫"割圆术"。

在西方，距今两千多年的古希腊学者阿基米德，也采用了相似的方法去求圆周率。他的方法是，围绕一个圆，画出内接正多边形和外接正多边形，计算出内接正多边形和外接正多边形的边长，求出它的平均数，就是圆周率。有记载说，阿基米德开始是求出内外接正六边形的边长，再计算十二边形、二十四边形，一直计算到内外接正九十六边形的边长。他只要计算出内外接正九十六边形各一个底边的长，相加后除以2（求平均数）再乘以96倍，得出的数值应该与这个圆的周长没有很大的差别了。因为内接外接两个正九十六边形和它们之间的那个圆，已经达到几乎重叠为一体的程度了。

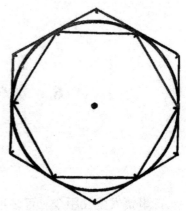

阿基米德的方法是取圆内接正多边形和外接正多边形的边长的和除以2，得出近似圆周长的值

阿基米德用这种方法求得的数值是：从外接正96边形看，它比圆的直径的 $3\frac{1}{7}$ 倍略短；从内接正96边形看，它比圆的直径的 $3\frac{10}{71}$ 倍稍长。也就是说，阿基米德求出的圆周率是：

$$\pi = 3\frac{1}{7} = 3.1428,$$

$$\pi = 3\frac{10}{71} = 3.1408,$$

$\pi$ 的数值应在 3.1428 和 3.1408 之间，即 3.1418。

阿基米德求出的圆周率，在欧洲很受重视，被称为"阿基米德数"。阿基米德所采用的方法是逐步逼近圆周的方法，所以被称为"逼近法"。"逼近法"是现代数学研究中的一种重要方法，它对于一时不可能直接求出答案的问题，都可以采用逐步"逼近"的方法去寻求答案——它成为高等数学中积分法的先驱。

（严　慧）

# 6  数学家因何进赌场
## ——概率论的发现

事情发生在距今三百多年的 17 世纪。

一天下午，两位年轻人来到巴黎最大的一个赌场。

赌场里喧嚣无比，呼喊声、叫骂声、狂笑声，加上劣等的烟草味儿和浓烈的酒气，空气实在令人窒息。赌徒们个个红了眼，他们伸长脖子，紧盯着掷出的骰子和扔向空中的铜币……

此刻，两位年轻人也坐在桌旁，聚精会神地看着停转的骰子和落下的铜币。不过，他们只是这样默默地看着，并没有加入赌博。

奇怪？他们是什么人？到这种下等的场所来干什么？

说了你会大吃一惊，他们是法国著名数学家帕斯卡和他的好友费马。他们通宵达旦地坐在这里，当然不是看赌博，而是为了研究数学。

原来，两位数学家早就注意到：生活中有许多现象，就个别现象来看，它的出现似乎都是偶然的、无规律的。而如果通过对大量偶然的现象加以统计概括，就会发现，那些似乎是偶然出现的个别现象，其实往往会呈现出一定的规律性。

比如，在巴黎的大街上，每天都是车水马龙、人流不断。对于这其中的每个人来说，他可能今天上街，也可能明天上街；他可能天天上街，也可能一个星期都不出门，这完全取决于他的时间和兴趣，没有什么规律。然而巴黎大街上的人每天都是那么多，除非发生了意外事故，决不会一天街上人很少，而另一天人又拥挤不堪。也就是说，从大量的巴黎市民这个整体来看，它的总人数和每天上街的人数之间是有一个固

这两个年轻人坐在赌场里干什么?

定比例的,也即是有规律可循的。

那么,这个规律是不是有普遍意义呢?

为了深入研究它,帕斯卡和费马选中了赌场做试验。这里,赌徒们不断地扔铜币、掷骰子,他们都希望铜币面和骰子上能出现自己所押筹码的币面或数字的骰面。那么实际情况会怎样呢?根据帕斯卡和费马的理论,尽管每一回铜币的正反面和骰子的面数难以料定,但经过几百次、几千次、上万次的抛掷后,铜币的正反面或骰子的每一面出现的次数应该大致相等。

为了证实这一点,他们才坐在赌场里,整夜地观看赌徒们的赌博,记录着铜币和骰子每一面出现的次数。他们发现,铜币只有出现正面和反面两种可能,也就是说,正面和反面都有二分之一出现的机会,它们的概率就是1/2,也就是50%,如果赌场的主人不在铜币上搞鬼,就有一半押赢、一半押输的机会；而骰子有六面，如果不在骰子上搞鬼，那么每一面出现的机会是 1/6，也就是，押中的概率是 16.6％。

这就是说，帕斯卡和费马得到的结果与预计的完全吻合。赌场的试验为概率论的创立提供了重要的依据。

当今，概率论又叫几率、或然率、机率，它是一门实用性很强的学科，在国民经济和新兴的很多科学领域中，都有广泛的应用，就是在实际生活中，人们也离不了它。比如说，每天的天气预报中都有降水概率预报，如果降水概率为 0，那就绝对是晴天；如果降水概率为 60％，那就多半会下雨。这比过去一般的笼统预报有雨无雨，科学得多，也准确得多。

（冯中平　严慧）

# 7　小学生的奇迹
## ——求等差数列之和公式的发现

在一间三年级小学生上课的教室里，数学老师给同学们出了一道算术计算题：

$$1+2+3+\cdots+100=?$$

老师说，这是从 1 到 100 的 100 个数，将它们挨个儿相加起来，看得数是多少。同学们不要心急，耐心细心计算，免得出错。

老师解释完题意，同学们迅速埋头计算，但就在这时，一个班上年龄最小的同学走上讲台，将石板翻转着放在讲桌上说："老师，我算完了。"

老师心里有些不高兴，心想这孩子肯定是瞎算一气，没准交的是白卷，连看也没看，甚至还打算等同学们都计算完以后，再对这个学生的草率态度给以严肃的批评。

不料，等所有的同学都把石板交上来以后，老师翻开石板检查同学们的得数却发现，这第一个交石板上来的同学计算得又快又准确。

"老师，我算完了。"

老师吃惊了，问这位同学："孩子，这得数你是怎么求出来的呢？"

小同学从容地回答说："这题很容易算，我把一头一尾两个数相加，再乘以 50；1＋100＝101，乘以 50，得出和是 5050。根本不需要一个数一个数地去慢慢相加。"

原来，按照一般的相加方法，应该是：

$$
\begin{array}{r}
1 \\
2 \\
3 \\
\vdots \\
99 \\
+100 \\
\hline
5050
\end{array}
$$

但是这位小同学创造出来的方法是：

$$
\begin{array}{l}
1\ +\ 2\ +\ 3+\cdots\cdots+50 \\
100\ +\ 99\ +\ 98+\cdots\cdots+51 \\
\hline
101\ +\ 101\ +\ 101+\cdots\cdots+101
\end{array}
$$

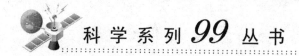

一共有 50 个 101，即

50×101＝5050

老师看出来这个孩子自个儿琢磨出来的计算方法，又简便，又不易出错。老师称赞这位小同学说："孩子，你在数学上得到了一个了不起的发现，你已经超过了我。"老师特地买了一本最好的书送给他，勉励他继续努力学习数学。

这位小同学名叫高斯，德国人，这一年，他才 9 岁。

为什么老师说高斯自己悟出来的这一计算方法，是在数学上的一个伟大发现呢？原来，这个方法，用来计算算术上的等差数列之和时都用得上。

什么叫做等差数列呢？它就是，一个数列，如果从第二项开始，每一项与它前一项的差都相等，就是等差数列。例如数列 1，2，3，4，…，99，100，每一项都比它前面的数大 1；同样的道理，1，3，5，…，99，101，也是一个等差数列，它们的等差是 2。

根据高斯发现的方法，不但对于求 1＋2＋3＋…＋99＋100 这样的等差数列的和适用，对于求其他等差数列的和也同样适用，因此可以归纳出一个求等差数列的计算公式：

$$S_n = (a_1 + a_n) \times \frac{1}{2} n$$

这里的 $a_1$ 是数列的第 1 项，$a_n$ 是第 $n$ 项，$S_n$ 是求 $n$ 项等差数列的和。高斯小时候计算的那个数列的和，用这个公式表达就是：

$$S_{100} = (1 + 100) \times \frac{1}{2} \times 100 = 5050$$

高斯 1777 年出生，是一个园丁的儿子，家里很贫苦，据说父亲本不打算送他上学，但他从小就表现出是一位数学奇才，学习又很勤奋，特别迷恋数学。后来他上了大学，成为一位著名的数学家、物理学家和天文学家，他在这几个领域里都有很重要的发现。

（严　慧）

# 8 电子计算机给出证明
## ——地图着色问题

1852 年，英国年轻的绘图员弗兰西斯·古特里，在给英国地图涂颜色时发现：如果相邻两个地区用不同颜色涂上，整个地图只需要 4 种颜色就够了。古特里把这个发现告诉了正在大学数学系里读书的哥哥费特里，并画了一个图给他看，这个图至少要 4 种颜色，才能把相邻的两部分分辨开，颜色的数目再也不能减少了。哥哥相信弟弟的发现是对的，但是不能用数学方法加以证明，也解释不出其中的道理。

费特里把这个问题提给了当时著名数学家摩根。摩根也解决不了，就写信给另一位数学家哈密顿。摩根相信像哈密顿这样聪明的人（哈密顿少年时就会讲 8 种外语，数学和物理都很好）肯定会解决的。可是，哈密顿觉得这个问题太简单，没有着手去解决它。当时许多数学家都认为地图着色问题是很容易解决的。比如数学家闵可夫斯基，为人十分谦虚，但是在一次给学生讲课时却说："地图着色问题之所以一直没有得到解决，那仅仅是由于没有第一流的数学家来解决它。"言外之意，像他这样世界上第一流的数学家，可以在课堂上轻而易举地把这个问题解决。说完他拿起粉笔，打算当堂给学生们推导出来，结果

只要 4 种颜色，就可将地图上的相邻地区隔开

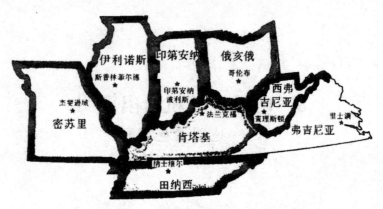

像这幅地图，8个州用4种颜色就可区别开

直到下课铃响了也没能推导出来。一连几堂课下来，仍毫无进展。这一天，天下大雨，他刚跨进教室，突然雷声轰响，震耳欲聋。他指着天对学生说："这是上天在责备我狂妄自大，我证明不了这个问题。"这样，闵可夫斯基就借此机会下了台阶，同时中断了他的证明。

1878年，著名的英国数学家凯莱把这个难题公开通报给伦敦数学学会的会员，起名"四色问题"，征求证明。凯莱的通报发表之后，数学界很活跃，很多人都想一显身手，可是没有一个证明站得住脚。

后来的近100年里，数学家一直在研究四色问题，也取得了一定成就。这里存在的一个最大困难是：数学家所提供检验四色问题的方法太复杂，人们难以实现。比如，1970年有人提出一个检验方案，这个方案用当时的电子计算机来算，要连续不断地工作10万个小时，差不多要11年，这个任务太艰巨了。随着电子计算机的不断改进，1976年9月，美国数学家阿佩尔与哈肯，用3台高速电子计算机，运行了1200小时，做了200亿个判断，终于证明了四色问题是对的。人类靠电子计算机的帮助，解决了延续124年的数学难题。

（李毓佩）

# 9  52年与17秒

## ——六角幻方的排列

排幻方是数学研究的内容，是十分艰苦的事。下面给你讲一个排幻方的故事：

七十多年前，外国有位叫亚当斯的青年，他对幻方很感兴趣，常常一个人排幻方。有一天，他突然想到，为什么一定要排正方形的幻方？可以不可以排出一个六角形的幻方呢？

亚当斯首先证明了由 1～7 的自然数组成的一层六角幻方根本不存在。他又寻找由 1～19 的自然数组成的二层六角幻方。排六角幻方要比排正方形幻方难多啦！它要求所有在一条直线上的数相加，它们的和都要相等。可是六角幻方在一条直线上的数字，可能是 3 个，可能是 4 个，也可能是 5 个，个数是不一样的。

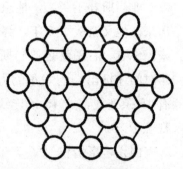

用 1～19 的自然数排出二层六角幻方，并不容易

从 1910 年开始，亚当斯用心研究六角幻方。他白天要上班，就利用晚上的时间研究。他做了 19 块小板，上面分别写着 1～19 的自然数，把小板随身带，有空就摆起来。排呀，排呀，一直排到 1957 年，亚当斯坚持不懈地排了 47 年，从一个年轻小伙子变成了白发苍苍的老人，这六角幻方始终没有排出来。

失败、挫折、劳累使亚当斯病倒了，住进了医院。躺在病床上亚当斯也没忘记摆弄他那心爱的 19 块小板。一天，他无意中竟然把六角幻方排出来了！亚当斯当时的激动心情可想而知了，他赶忙找一张纸把六角幻方的排法记了下来。心情一好，病也去了大半，没过几天，亚当斯就要求出院。可叫人心疼的是，在回家的路上，也不知怎么搞的，亚当斯把那张记有六角幻方的纸给弄丢了！

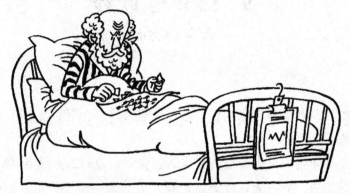

**在病中竟把六角幻方排出来了**

亚当斯并不灰心，他想，既然排出来过一次，那就有可能第二次排出来。他又奋战了 5 年，终于在 1962 年 12 月，把六角幻方重新排了出来。你看，右图就是亚当斯前后用了 52 年时间才排出来的六角幻方。图上一共有 15 条连线，这 15 条连线上的数的和都等于 38。

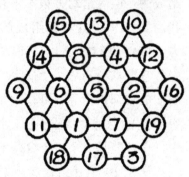

**1～19 的自然数的六角幻方**

但是，事情仅过了 7 年，也就是到了 1969 年，大学生阿莱尔也想排六角幻方，这次他用的是电子计算机。电子计算机很快就帮他排了出来。你猜猜，用了多少时间？17 秒！可见电子计算机的功能和效率是多么惊人。历史上许多没能求出答案的数学难题，现在交给电子计算机去做，它能在很短的时间里求出答案，而且答案绝对是正确的。

（李毓佩）

# 10　立志摘取明珠

## ——哥德巴赫猜想的接近证明

我国当代数学家陈景润，他是在福建的英华中学读的高中。在这所中学里有一位数学教师叫沈元，他曾是清华大学航空系系主任。沈老师知识渊博，课上给学生讲了许多吸引人的数学知识。有一次，他给学生讲了个数学难题，叫"哥德巴赫猜想"。

哥德巴赫是由普鲁士派驻俄罗斯的一位公使，但他的爱好却是研究数学。哥德巴赫和著名数学家欧拉经常通信，讨论数学问题，这种联系达 15 年之久。1742 年 6 月 7 日，哥德巴赫写信告诉欧拉，他发现了一个数学规律：每个大偶数都可以写成两个质数之和，比如，8＝3＋5，10＝3＋7，12＝5＋7 等。使哥德巴赫拿不准的是，这个规律是否对一切偶数都适用呢？他想请欧拉帮忙证明一下。同年 6 月 30 日欧拉回信说："每一个大偶数都是两个质数之和，虽然我还不能证明它，但我确信这个论断是完全正确的。"

在数学上，没有经过证明的东西，就不能承认它是对的，只能叫猜想。欧拉和哥德巴赫都没能证明这个猜想，以后的 200 年里也没有哪位数学家攻下这个堡垒，所以这个难题就成了著名的哥德巴赫猜想。

沈老师又说，中国古代出过许多著名的数学家，比如刘徽、祖冲之、秦九韶、朱世杰等。你们当中能不能也出一个数学家？昨天晚上我做了一个梦，梦见你们当中出了个了不起的人，他证明了哥德巴赫猜想。

沈老师最后一句话引得同学们哈哈大笑。陈景润却没有笑，他暗下决心，一定要为中国争光，立志攻克这个数学堡垒。当时的英华中学是文、理分科的，特别喜欢数学的陈景润偏偏选读文科班，他有他的打算。陈景润想，文科班所学的数理化都比理科班浅，这样就可以集中最大精力去攻读数学中更高深的知识。他自学了好几本大学数学教材。

陈景润考上厦门大学之后，更加用功了。大学的书本又大又厚，携带阅读十分不便，他就把书拆开。他曾把华罗庚教授的书拆成一页一页的，随时带着读。陈景润坐着读，站着读，躺着读，蹲着读，一直把一页一页的书都读烂了。由于夜以继日地攻读，身体底子又不好，再加上舍不得吃，省钱买书，他得了肺结核和腹膜结核病，一年住了 6 次医院，做了 3 次手术。

疾病的折磨，攀登道路的艰险，都没有吓倒瘦小的陈景润，他继续研究哥德巴赫猜想。1966 年 5 月，陈景润向全世界宣布，他证明了"1＋2"，离最终目的"1＋1"不远了。由于没有计算机，一切都是用手写、用手演算的，当时证明的原稿有 200 多页，他要将证明过程简化。可是十年浩劫到来了，"造反派"不许他继续研究数学，把屋里的电灯也拆走了，他就买了一盏煤油灯，把窗户用纸糊严，继续演算、证明。1973 年，陈景润全文发表了他证明"1＋2"的论文，这时，他演算、证明的草稿纸都有几麻袋了。陈景润取得了突破性进展，距离解决"1＋1"的问题仅差一步之遥，这在国际数学界引起极大的反响。哥德巴赫猜想如同数学皇冠上的一颗光芒四射的明珠，陈景润立志摘取这颗明珠。但可惜的是，长期的劳累损害了他的健康，陈景润在床上卧病 10 年，虽然一直没有放弃他的研究，却终于在 1996 年，带着他的理想离开了人世。

(李毓佩)

# 11　王冠之谜的破译
## ——测定比重方法的发现

在公元前 3 世纪的时候，古希腊出现了一位伟大的学者叫阿基米德。有一个故事说，国王希艾罗交给金匠一块纯金，让他给自己打制一顶金王冠，国王将戴着它去参加祭神典礼。金匠把金王冠制好了，它做得十分精巧，非常好看。但是，当金匠将王冠呈送给希艾罗国王的时候，有经验的大臣感觉到这顶王冠不像用纯金制作的那么重。国王怀疑金匠可能在做王冠时偷了一些金子，但王冠的重量和国王给的那块纯金的重量相等，金匠又坚决说他将国王给的纯金全部用在这顶王冠上了，怎样才能证明金匠说的是真话或是谎言呢？

希艾罗王想到阿基米德，他是国内最有学问、最聪明的学者。国王请阿基米德帮助鉴定这顶王冠究竟是纯金的，还是在金子里面掺了银子的。阿基米德遇到难题了，因为从重量看，王冠和国王给的纯金一般重，已经不可能再将王冠还原成金块的形状；而如果金匠在王冠的金子中掺了银子，那么，从外表上也是分辨不出来的。

为此阿基米德日夜苦思，奴隶们给他在澡盆里预备了洗澡水，也没顾得上及时去洗。待他被奴隶拉到澡盆边时，盆里的水已经灌满了。阿基米德刚踏进去一只脚，盆里马上就有水溢出来。当阿基米德全身坐进澡盆时，不停向外流淌的水才止住。

阿基米德望着澡盆里不停向外流淌的水，忍不住说："真可惜啊，整整流走了和我身体一般多的水……"

一句话唤醒了自己的灵感，阿基米德再也顾不得洗澡，而是光着身

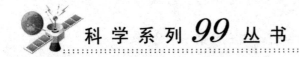

子跑到了大街上，一面跑一面兴奋地喊道：

"龙里加！龙里加！"意思是"我知道了，我知道了!"

阿基米德知道了什么？原来他从澡盆中流出去的水中领悟到一种求物体（不管它是什么形状）体积的方法。既然从澡盆中流走的是和身体体积一般多的水，那么，如果将王冠放在装满水的器皿里，那么，从器皿中流淌出来的水的体积，肯定就是王冠的体积。

于是，阿基米德到希艾罗王那里，将金匠叫来，又预备了一只大陶罐和一只大盆，在陶罐里面装满水，放进大盆里面，然后将王冠放进陶罐里，将陶罐溢出的水倒在一只杯里；再将同样重的一块纯金也放进装

将王冠与同等重量金块溢出的水相比较，就可鉴别王冠是否搀了假

满水的陶罐里，再将溢出的水也倒在另一只同样大小的杯子里。

这个实验的意思很明白，比较这两个同样大小的杯里的水，如果它们相等，那就说明王冠和纯金是同样的体积，也就是说，王冠也是纯金的；如果它们不相等，那就说明它们不是同一种物质。事实是，金匠看到王冠溢出的水比纯金块溢出的水多时，吓得面色惨白，急忙向希艾罗王跪下，承认他在王冠的纯金里掺了白银。

阿基米德的这个实验，在科学上有重大的意义——它揭示了求物体比重的基本法则。比重就是每种物质和它同体积的水的重量相比较的重量。以上面的故事为例，1立方厘米的纯金，它排出的水是1立方厘米，但是这1立方厘米纯金的重量是同体积水的19.3倍，所以金的比重是19.3；而1立方厘米的银，它的比重只有10.5。所以，掺了白银的金王冠，它的体积要比同样重量的纯金体积大，所以从陶罐里排出的水比金块多。

（严　慧）

# 12　不是智慧女神的礼物
## ——浮力定律的发现

阿基米德的故乡叙拉古（希腊库扎）就在地中海一个名叫西西里的半岛上，那里的造船业很发达。于是，船为什么能浮在水上，成为阿基米德思考的问题之一。难道世界上有一种能使物体浮起来的力量吗？

在当时，古希腊的人们认为，船能浮在水上是因为造船的木头是智慧女神雅典娜送来的礼物。但是阿基米德不相信，他猜想，水也许能够使比它重的东西也浮起来。

阿基米德生活在公元前3世纪，那时研究学问的人不兴做实验，只相信自己聪明的头脑，然而阿基米德不同，他决定做点实验看看。

阿基米德猜想，装在船上的货物，如果直接放进水里，它们肯定会沉下去，但是把它们装在船舱里，它们就能和船舱一同浮在海面上，这两者之间究竟有什么差别呢？差别肯定与船拥有很宽敞的船舱有关系，也就是说，物体在水里受到水的浮力大小，与它的体积大小有关系。当然，阿基米德不能直接用当时的三桅船做实验，于是设计了类似解决王冠之谜的方法：在一只陶罐里装满水，再把它放在一只空的大盆里，然后找来一片木板，木板就好比是一艘船，现在它漂浮在水面上。这说明比水轻的物体比如木头，是会浮在水面的。

机敏的阿基米德注意到，木板进入陶罐后，满满一陶罐的水就溢出来了一点儿，阿基米德把溢出来的水收集起来，测量了它的体积和重量；而后，往木板上一小块一小块地加上石子，好比是船舱里装进了货物，只见木板一点点往下沉；而同时，从陶罐

阿基米德用实验发现，物体所受到的浮力，等于它所排开同体积的水重

里溢出去的水也一点点增多，阿基米德每次都将溢出的水的体积和重量都记载下来。

这样几次反复，阿基米德发现，水确实有浮力。一个物体在水中受到的浮力，等于它所排开的同体积的水重，也就是说，一个物体的体积越大，它所能受到的浮力也越大；木头做成船舱，出现很大的空间，它们的体积可以排开足够多体积的水，也就能得到足够大的浮力——这就是船只为什么能装载许多比水重的货物的根本原因。

通过进一步的实验，阿基米德还发现：一个物体，如果它既不比水轻，也不比水重，那么，它所受到的浮力，和它自身的重量相等，它就能任意停在水中的某一个部分，就像水中的鱼儿一样。

最有意思的是，阿基米德还发现，如果一个比水重的物体沉到水底下去了，它也仍将受到水的浮力——物体的重量比在空气中称的减轻了，减轻的重量等于它所排开的同体积水的重量，这就是它所受到的浮力。

阿基米德将自己的发现记载在羊皮上，名叫《浮体论》，它就是直到今天我们每一位中学生在物理课上都要学到的"浮力定律"：

物体在液体中所受到的浮力，等于它所排开的同体积的液重。

阿基米德发现的浮力定律在许多方面得到应用：钢铁的轮船、飘浮在空中的飞艇、还有在水中拉运沉重的物体等，都得到了浮力的帮助。

（严　慧）

# 13　我将推动地球
## ——杠杆原理的发现

阿基米德少年时，父亲曾送他到埃及的亚历山大里亚去学习。在埃及，阿基米德看到过奴隶们用橇杆撬动笨重的石块，也看到过埃及的居民用一种吊杆，只用不大的力气，就可从井中提起一桶相当重的水。于是阿基米德猜想：力是可以放大的。

阿基米德通过实验发现，放大力气的诀窍是在用力的这一端距支点的距离。用阿基米德的称呼就是"力臂"，力臂越长，就越省力。比如说，井中用来提水的吊杆，吊杆用力的这头越长，吊起水来的时候就越省力。还可以举一个我们生活中的例子来说明：两个小孩去玩跷跷板，一个孩子胖，另一个孩子瘦，如果两个孩子都坐在距离相等的跷板上，瘦孩子肯定跷不起胖孩子；但如果让胖孩子坐在靠近跷板支点的地方，与支点的距离近些，而瘦孩子坐在与支点距离远一些的地方，这样瘦孩子就能把胖孩子跷起来了。

阿基米德当时在羊皮上记录下他的发现是：

力臂和力（重量）的关系成反比例

这就是阿基米德发现的杠杆原理。今天，我们在物理课上学到的杠杆原理，它已经被用一种更简明的公式表达出来了：

力 × 力臂＝力 × 力臂

（重量）（重臂）

阿基米德根据自己对杠杆原理的发现，论证了通过力臂的加长，可以使力放大这一设想。这个发现使阿基米德非常激动，充满自信，他在头脑中产生了一个想象中的伟大的实验，便提笔给希艾罗王写信，报告了自己的发现，论证了用不大的力气，可以牵动随便多么重的物体。在信的结尾阿基米德写道：

"尊敬的希艾罗王啊！我确信，只要给我一个支点，我将推动地球！"

阿基米德的这句豪言壮语，代表着他的性格和他的智慧，一直流传到了今天。

当然，希艾罗王看到阿基米德这封信的时候，对阿基米德所说的意思一点也不明白，甚至感到惊讶。他把阿基米德叫到宫中，问清了阿基米德发现的杠杆原理是怎么一回事，但是对于阿基米德的那句豪言，仍旧不甚相信。他说："别去想推动地球了，你把天上的云彩拉一些下来给我看看吧！"

阿基米德只好表示这是办不到的，不过他请希艾罗王给他提出实际一些的要求。后来希艾罗王说，他为埃及制造了一艘三桅货船，它造得实在太大了，召集了叙拉古全城的男子都没能将这艘船拖下海去，你有没有办法使小力变大力，将这艘船送下海去呢？阿基米德答应了，他制

"王啊！请您亲自把它送下海吧！"

造了一组利用杠杆原理的滑轮组，请希艾罗王来到海边，由国王亲自摇动滑轮组的摇柄，就将这艘三桅货船送下了海。这使希艾罗王十分高兴，也十分钦佩，下令以后什么事都要照阿基米德的意见办。

杠杆原理是一项重要的发现，后来在抗击古罗马的战争中，阿基米德利用杠杆原理制作的一种"大吊钩"，远远地伸到古罗马的战船上，将它们一只只吊翻到海里……

这种"大吊钩"，直到今天人们还在运用，它的名字叫"吊车"，通俗的称呼是"大老吊"。

（严　慧）

# 14  吊灯引发的思考

## ——摆的发现

在意大利的比萨，有一座高大宏伟的教堂，每逢礼拜天，人们都要到那里去做礼拜。在16世纪时，宗教是至高无上的，它统治着人们的精神世界。在1564年的一天，一位年轻的大学生也来到教堂，然而他并不信教，心不在焉地坐在那里四处观望。他叫伽利略。

教堂大厅的顶上挂着装饰华丽的吊灯，一位司事在教堂里走过，用长杆吊着的油壶向吊灯里注油，注油时碰动了吊灯，司事走后，吊灯就轻轻地摆动起来。摆动的吊灯引起了伽利略的注意：吊灯每一次摆动来回的时间好像是一样的，那么，它是不是真的一样呢？有什么办法认证这一点吗？

为了证实自己的观察所得，伽利略想起大学里医科老师所说，人的脉搏的跳动次数是有规律的，相隔的时间是一样的。于是伽利略一面用手按着自己的脉搏记数，一面观察吊灯摆动的次数，得到的结果证实了自己的想法，伽利略证实了吊灯每次摆动的时间相同。

这一发现使伽利略感到兴奋，回到家里，他在门框上钉上两根绳子，绳子下面拴上铁块，绳子垂直地悬挂在那里。伽利略先将一根绳子拉到距垂线4个手掌的位置，用脉搏跳动的次数计算铁块摆动的时间；又将另一根绳子拉到距垂线2个手掌的位置，用同样的方法计算铁块摆动的时间，结果发现，这两种铁块摆动的时间是一样的。也就是说，摆动的时间和摆幅的大小没有关系。伽利略发现了摆的等时性。

伽利略开始做摆的实验的时候，发现摆每摆动一次的时间比脉搏跳动一次的时间稍慢一点，这对他计算时间很不方便。于是伽利略想，将绳子缩短一点，这样摆动起来是不是会快一点呢？于是他将系铁块的绳缩短了一点，实验证明，这个想法是对的。经过这样几次调整，门框上绳摆的时间和自己脉搏跳动的时间一致了。实验证明，摆每摆动一次所需时间，是与摆的长短相关连的。他提出"摆的长度越长，摆的周期也越长。"

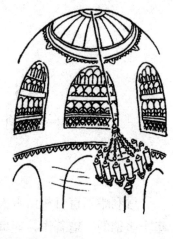

那个时代人们还没有发明简便的钟，医生对病人脉搏跳动的次数，也缺乏一种科学的测量。伽利略设计了帮助医生测定脉搏的"仪器"，它就是用来记时的摆绳仪器。伽利略在仪器上刻上数字，当摆绳的标记对准72时，它摆动的次数为每分钟72次；对准80时，则每分钟摆动80次，这就能帮助医生迅速而准确地测定病人的脉搏。一位医生在他于1607年写的著作中，还附了伽利略设计的用来测量病人脉搏次数的仪器。

吊灯每次摆动的时间相等吗？

伽利略死后，1656年，荷兰物理学家和天文学家惠更斯，在伽利略发现摆的基础上，发明了"有摆落地大座钟"。这种摆钟，应用了三百多年，直到近代才被电子钟表、石英钟表等所代替。

（严　慧）

# 15　哪个球先落地

## ——自由落体加速度的发现

　　伽利略不盲目相信古人所做的结论。有一次他读到古希腊哲学家亚里士多德的一篇著作，亚里士多德认为，物体降落的速度，与它们的重量成正比，也就是说，如果一个物体比另一个物体重 10 倍，那么，当它们同时从高处自由降落时，重物的降落速度要比轻物快 10 倍，因为物体越重，就越急于找到它的归宿，重就是急切返回的现象。

　　亚里士多德生活在公元前 4 世纪，而伽利略生活在 16 世纪，距今一千九百多年的论断果真那么可靠吗？伽利略想：如果将 1 千克重的石块和 10 千克重的石块拴在一起，让它们从高处自由落下，那么，谁先落地呢？肯定这两块石头会同时落地。那么，为什么将它们分别从高处自由落下，就会重物先落下，轻物后落下呢？

　　为此，伽利略进行了一次在科学史上很有名的实验，他带了重约 4.5 千克和重约 454 克的铜球各一个，登上有名的比萨斜塔，一手托着一个铜球，两手一松，让它们同时自由落下。不多时，守候在塔下的许多观众，只听到"啪"地一声，果真两个铜球同时落地，伽利略用自己的实验推翻了亚里士多德的推论。

　　不过后来的一些学者查考了一些资料，未曾找到准确的记载，因此认为这或许是一个用来形象地说明伽利略进行自由落体实验的传说，也有学者认为伽利略是在思想上做了一次假想实验。

　　但是后来有一位叫德瑞克的学者，在伽利略写于 1603 年或 1604 年的工作笔记中，发现了他曾做过一个关于"球滚下斜面的实验"。

这个实验是，在一块木板上挖一个手指宽的凹槽，这凹槽要做得很直，打磨得非常光滑，槽上再垫一层光滑的羊皮纸，将一块木块垫成一个斜面，然后用一个也是打磨得十分光滑的铜球，让它从斜面的凹槽中自由滚下，并且利用一个桶底打了小眼的水桶，用小杯接住流下的水，再根据水的重量，记录它在滚到斜面的1/2、2/3、3/4或者任何分段所需的时间和速度，经过比较，发现物体在下落过程中所需时间越来越短，也就是速度越来越快，而且重复实验许多次，得出的结果都一样。

伽利略整理实验的结果，将它归纳为一个自由落体公式：$h = \frac{1}{2}gt^2$。

用文字来表述就是，自由落体的高度是1/2重力加速度（$g$）乘以时间（$t$）的平方。重力加速度就是受地球引力的影响而产生的加速度（9.8米/秒$^2$）。由于高度是与时间的平方成正比，所以物体下落的速度是越来越快，不管它是重物或是轻物。

通过这个公式，说明重物也好，轻物也好，它们在真空中自由下落的速度是一样的，亚里士多德的论断也就不攻自破了。

有记载说，伽利略由于进行了这个实验，推翻了亚里士多德的论断，而亚里士多德在当时被推崇为学术界的权威，为此伽利略得罪了一些崇拜亚里士多德的学者，伽利略因此而失去了他在大学的职位，然而，他发现的自由落体定律到现在都一直在许多科技问题上应用。

（严 慧）

# 16  大自然厌恶真空吗？
## ——大气压力的发现

17世纪初期，意大利为了治理山洪，修筑了一些水坝蓄水，然后再利用水泵将蓄在坝里的水抽上来。但令人感到奇怪的是，每当人们将水抽到10米的高度的时候，水就再也抽不上来了。

当时的抽水泵是利用唧筒压迫空气抽水的：当把唧筒向下压的时候，筒里的"皮碗"将筒里的空气压出去了，而"大自然厌恶真空"，筒周围的水就会立即升到唧筒里去，将唧筒留下的真空填满。人们就利用这一特性，将水一筒一筒地抽了上来。

但是这种解释明显地存在着一个矛盾：既然"大自然厌恶真空"，为什么只"厌恶"到一定的限度就不再"厌恶"了呢？对这个现象，当时意大利的物理学家托里拆利解释说：它不是"大自然""厌恶"或"不厌恶"真空的问题，而是受大气压力的作用。唧筒被抽成真空以后，大气压力就会挤压唧筒四周的水进入唧筒，而大气压力是一定的，所以水只能被挤压到一定的高度，也就是10米的高度。

不过相信"大自然厌恶真空"的人并不相信托里拆利的分析，托里拆利必须拿出自己的证据来。托里拆利想：最好当然是用水来证明，但证明大气压力能将水提到10米的高度，这个实验的仪器也太难找了。于是他想到了也是液体的水银，水银的比重是水的13.6倍，因此，在受到同样大小的大气压力的情况下，水银柱可被大气压力提高到水的1/13.6的高度。

1643年，托里拆利设计了一个实验：他做了一根1.22米长的玻璃管，管的一端是封闭的。在管里装满水银，再用拇指盖住开口的那一端，将玻璃管从开口端倒立着放进一个装满水银的器皿里，再把拇指松开时，玻璃管里的水银就会向下流入那个装满水银的器皿里，但在流到管内还留有 760 毫米高的地方，水银柱就不再向下流了。这玻璃管内 76 厘米高的水银柱，就是被四周的大气压力支撑着才没有再流出来的。

一端封口装满水银的玻璃管倒置时，水银柱只能
降到 76 厘米的高度，这是因为有大气压力支撑着它

既然水银的比重是水的 13.6 倍，那么，760 毫米的 13.6 倍就应该是大气压力所能提升水的高度。看：760 毫米×13.6＝10336 毫米≒10 米。这正是大气压力能提升水的高度。

因此，76 厘米水银柱就代表了大气压力，它是第一个定量证明大气压力的实验，也是第一个气压计。

不妨再说一说为托里拆利的实验做了形象而又夸张注脚的另一个实际故事。那是在 11 年以后，1654 年德国马德堡市市长葛利克所做的马德堡半球表演。

葛利克让人用铜打造了一对互相可以紧密吻合的两个半个的空心球体，将它俩紧密吻合以后，抽成真空。两半铜球的一侧都各有一个铜环，从铜环里各套出一根结实的缰绳，缰绳与两侧的马队相连接，每边

16 匹马也未能拉开一只抽成真空的铜球

各拴上了 8 匹事先预备好的马。然后，指挥者一声号令，两边带领马队的士兵指挥着 16 匹马向相反的方向拉曳，铜球仍然紧闭着纹丝不动，后来增加到 24 匹马，人们才听到"嘭"地一声巨响，两半铜球才被拉开。

这次实验表演不但吸引了马德堡市的全市市民，连德皇裴迪南三世也专程去观看了，16 匹马竟然拉不开小小一只真空的铜球，令人惊叹不已。实验证实了大气压力的存在，证实了大气压力的威力。这一著名的科学实验就叫"马德堡半球"实验。这一实验有力地成为印证托里拆利提出的大气有压力的佐证。

葛利克虽然身为马德堡市长，但事实上他还是一位热心科研的科学家，为这项实验，他花费了两万美元，这在当时真是一笔巨款。此外他在其他领域也取得不少成果。

（严　慧）

# 17 空气是有弹性的

## ——玻意耳定律的发现

在欧洲意大利的托里拆利、德国的葛利克在起劲地研究大气压力的同时，英国有一位著名的物理学家和化学家玻意耳，也对气体性质的研究产生了浓厚的兴趣。

玻意耳给自己提出的课题是对气体的性质进行研究，他认为，空气是由许多微粒组织在一起的，他很想知道，是什么力量使这些微粒联结在一起；而如果这种力量发生了变化的话，空气微粒的联结，是不是会跟着发生变化。为此，玻意耳需要找到可以说明空气是由微粒联结的方法，需要找到可以对空气施加压力的方法，还需要找到可以计算空气体积的方法。

这时，托里拆利用玻璃管装满水银测算出大气压力的设计，给了玻意耳以启发。玻意耳设计了一根"L"形带弯管的玻璃管，一端带活塞，另一端开放。活塞打开，从开口的那一端倒进水银。水银顺着玻璃管向下流动，一直流进弯管的短管中，然后，在某一个地方停住了。水银柱在玻璃管的两端平衡。而短管处留下了一段空隙，这时关闭那一端的活塞。

需要说明的是，在托里拆利的实验中，装满水银的玻璃管倒立在装满水银的器皿中时，留出的那段空管，它是真空（因为原来被水银所占据，现在虽然水银往下流，但并没有空气进去），而玻意耳的实验，是在充满空气的"L"形管中倒入水银，因此水银进入弯管后停留下来，而在活塞端的短管处留下的那段空隙，它并不是真空，它是一段空气

在弯管中倒入水银至开口端水银面比封闭端高 76 厘米，代表一个大气压，弯管那头的空隙表示一个大气压下的空气柱；再倒入水银直到水银面差增加到 152 厘米，表示这段空气柱经受了两个大气压的压力。它的体积缩小了，实验证明大气是有弹性的。

柱。而被水银柱封在短的弯管中的那一小段空气，就是一个大气压下面的正常的空气体积。

以此类推，玻意耳就有可能观察到在两个大气压、三个大气压，以至更多的大气压下面空气的体积了。

玻意耳让助手先记下在一个大气压下弯管中空气柱的读数；然后让助手再从开口端中倒进水银，直到开口端水银面比封闭端高 76 厘米，这意味着弯管里的那段空气在经受两个大气压的压力。

助手根据弯管上空气柱表明的读数，向玻意耳报告："体积减少了一半。"

玻意耳让助手向玻璃管再倒进水银，直到开口端水银面比封闭端高 152 厘米，助手看了弯管里空气柱表明的读数，报告说："空气的体积只剩下原来的三分之一了。"

玻意耳又将实验反过来进行，就是将弯管里的水银倒出来，直到开口端水银面比封闭端水银至两端水（银面）水平体积恢复到二分之一；再倒出 76 厘米，体积又恢复到原来在一个大气压下的正常体积了。

玻意耳总结实验的结果后，得出以下结论：空气确实是由空气微粒（那时人们还没有分子的概念）联结在一起的，它们的体积会因为受到大气压力的大小而发生变化，这变化的规律是：

在温度相等的条件下，气体的体积与它所受到的压力成反比。

这就是玻意耳在 1662 年提出的玻意耳定律，这个求气体体积与所受压力关系的定律和它的计算公式，直到今天，我们在学物理和化学的时候，常常要用到。

到了 19 世纪时，人们进行科学实验的条件大大改善了，在新的实验条件下，人们发现并不是所有的气体都遵循玻意耳定律。比如，二氧化碳气体，在通常室温下，加到 60 个大气压，就变成了无色的液体；又比如氮，在 1 个大气压下 1000 升的氮，在 1000 个大气压下，它的体

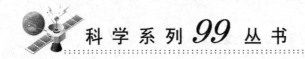

积并不是公式中求出来的 1 升，而是 2 升……

不过人们仍旧认为，在离常温常压不太远的范围里，对于一些真正的气体，玻意耳定律基本上还是正确的。

（严　慧）

# 18　没有弹性的水
## ——液体压强传递原理的发现

还记得"给我一个支点，我将推动地球"那句名言吗？那是生活在两千多年前的古希腊学者阿基米德发现杠杆定律以后说出的豪言壮语。历史前进到 17 世纪的时候，另一位法国数学家、物理学家帕斯卡对于他自己成功进行的实验，也得出类似的充满自信和自豪的结论。他说，根据他所发现的力学原理，可以制造出一种新型机器，只要你需要，就能把力扩大到任何程度，一个人靠这种方法能举起任何负荷。

帕斯卡与玻意耳生活在同一时代，也曾经用很多时间研究大气的压力，他发现空气是有弹性的。但是当他研究水的压力的时候，却发现水有一个奇特的性格，虽然水表现得似乎很纤细，很柔弱，可以将它装进任意的容器里，能够在各种通道里流动，但它是绝对没有弹性，绝对不可能被压缩的。

既然这样，那么，如果对水施加压力，它会有怎样的表现呢？既然它没有弹性，那么，它所受到的压力会传递到哪里去呢？

于是帕斯卡设计了一个著名的水的连通器的实验。那是一个灌满水的容器，它上面有两个开口，一个开口是另一个开口的 100 倍，每个开口中都配上紧密的活塞。当一个人用力压小活塞时，在大开口的那一

40

**帕斯卡液体压强传递原理：在小活塞上施加 1 倍的**
**压力，大活塞上会产生 100 倍的压力**

端，必须有 100 个人都用同样的力才能顶住大活塞不致被连通器中水传递的压力将它顶开。

这是一个著名的实验，同时也得到一个重要的发现，这就是：加在密闭容器内液体上的压强，能够按照原来的大小向各个方向传递。这意思是说，在底部相连通的容器里，里面装满液体，在小活塞上施加的压力，它产生的压强将不变地传递到液体的各个部分。也就是说，在小活塞上施加 1 倍的压力，它的压强传递到 100 倍大的大活塞时，大活塞就会产生 100 倍大的压力。

帕斯卡用这个实验发现了液体内部压强的传递规律，它被称为帕斯卡定律。用文字来表述就是：

在密闭容器内的液体，能够把外力加在它上面的压强大小不变地向各个方向传递，并传至液内各部分以至容器的器壁上。

根据这个发现，人们确实可以通过液体的压强传递原理达到将力气放大的效果。大活塞的面积是小活塞面积的多少倍，作用在大活塞上的力就可以成为作用在小活塞上的力的多少倍。人们只要在小活塞上施加较小的力，就可以在大活塞上得到较大或很大的力。这就是前面我们引用帕斯卡讲的那句豪言壮语的由来。

帕斯卡定律的运用，最常见到的就是油压千斤顶，修车的司机用手一压一压，就能将千斤重的汽车（哪怕车上还装着很重的货物）顶起来，以便钻到车底下去修理。油压千斤顶、油压机、水压机、液压闸等，都是帕斯卡定律的具体应用。

那么，液体压强传递原理的应用，可以大到什么程度呢？大到可以产生万吨的压力。1962 年，我国自己设计、制造了第一台万吨水压机，这是一台可以产生压力为 12000 吨的自由锻造水压机。早在 1893 年，第一台万吨水压机就诞生了，现在世界上工业发达的国家都有这种万吨水压机。

（严　慧）

# 19　不是宙斯的大炮
## ——天空闪电本质的发现

一天，一个蜡烛工匠对自己的儿子说："记住，勤奋的人可以站在国王的面前。"孩子默默地记住了这句话。许多年之后，这个工匠的儿子果真见到了英国女王、法国皇帝，还受到丹麦国王的邀请，一起共进午餐。

这孩子就是后来美国著名的社会活动家、杰出的科学家和发明家富兰克林。

富兰克林出身贫穷，只读过两年小学，但他从小就对自然界充满着好奇。每当遇上雷鸣电闪，富兰克林总有些害怕，因为听大人们说，这是威严的天神宙斯在发怒。同时他也很想知道：天神为什么发怒？他是怎么制造出这雷鸣电闪的？

那时候，商店里有一种根据摩擦起电的原理制作的玩具，很受人们的喜爱。那是一个装在曲轴上的硫磺球，用力转动曲轴时，球与把手摩擦起电，当静电荷达到一定数量时，球面便会噼噼啪啪地发出耀眼的电火花。

富兰克林也很喜欢这个小玩具，每次看到耀眼的电火花，他会不由地想起空中的闪电，那噼啪的爆响又让他感受到了天边的雷鸣。

"天神宙斯的发怒，也许就是高空中云层的放电呢！"

富兰克林决定用实验来证实天上的闪电和摩擦所产生的电是不是一回事。1752年，他进行了一次为后人传为经典的实验，他的工具是一只菱形的大风筝，还有一个能储存和释放静电的莱顿瓶。

富兰克林在风筝上拴一只尖头金属片，金属片上再系一根拖地的长丝线，线的下端是一个金属钥匙。他的设想是这样的：如果天上的闪电果真是摩擦产生的静电，那么电流会通过金属和丝线传到地面，地面的钥匙上聚集了足够的电荷后，用手接近它时，就会产生电火花。如果引下的电流能给莱顿瓶充电，那就更有说服力了。

富兰克林选择了一个阴云密布的天气，向空中放飞了风筝。他一手抓风筝线，一手抱莱顿瓶，仰望天空，等待闪电的出现。云层越来越低，天空越来越暗，突然银蛇般的闪电划破了长空，隆隆的雷声紧随而至，大雨倾盆泻下。富兰克林赶紧把自己的手靠近了金属钥匙，刹那间，钥匙头上电火花噼啪作响。富兰克林摸着灼伤的麻木手指，兴奋地大叫："啊！这是电！是电！"接着，他又用钥匙给莱顿瓶充足了电。

实验证明，雷雨时空中闪现的"宙斯的大炮"，其实和人们在实验室中利用摩擦产生的电是一回事。富兰克林通过这个实验得到的伟大发现，像电击一般震惊了科学界，没有学历的富兰克林因此被英国皇家学会破例吸收为会员。富兰克林真是幸运极了，因为在他之后，有两位科学家在重复这个实验时都受到电击而丧了性命。所以，从空中引下雷电的实验具有极大的危险，人们已不再重复进行。

为了防止雷电的危害，富兰克林决定制造一尊能抵挡天神宙斯的大炮。早在几年前他就发现，把莱顿瓶靠近一个有尖端的表面，放电会更

**"啊！这是电！"风筝将天空中的电引下来了**
**（这是一个非常危险的实验，绝对不能模仿！）**

猛烈。于是他设计了一根尖头的金属杆，在杆上连一根长长的导线，这就是避雷针。高大的建筑物顶部装上避雷针后，遇到雷电，金属杆会把空中的闪电通过导线引向地面，而使建筑物免遭电击。小小的避雷针，竟可以抵挡天神宙斯的大炮。这是富兰克林得到发现以后，引伸出的一项同样是很伟大的发明。

（冯中平）

# 20  炮筒为什么越钻越热?!
## ——热能的发现

　　热是什么？这个问题，好像很简单，可细一想，又不那么简单，历史上对热有过长期的争论。在 18 世纪以前，人们普遍认为，热是一种叫做"热素"的物质，它可以从高温处流向低温处，却不能从低温处流向高温处；还可以从这种物质流向那种物质。比如，热水中的热素可以流向冷水，使之变成温水，而温水中的热素却不能流向热水使热水变得更热；又比如，燃烧时木柴释放出的热素，可以流向水中，使水变热等等。这个理论，在当时，连著名的法国化学家拉瓦锡都是相信的。

　　可是，有一位名叫朗福德伯爵的美国人却产生了怀疑。1798 年，他在慕尼黑承接了一项制造大炮的生产任务，当用镗具去给铜做的炮筒削磨和钻眼的时候，炮筒就会越钻越热，越磨削越热，工人需要不断地往上泼洒冷水使炮筒冷却。这种现象对锻造金属工人来说，已是司空见惯，不再引以为奇了。然而，它却引起朗福德伯爵的思索：这热是从哪儿来的呢？因为镗具也好，炮筒也好，它们都是冰冷的东西，本身并没有带着任何热素呀！

　　为了彻底弄清这个问题，1798 年，朗福德设计了一个实验，将一个炮筒固定在水中，用马拖动钝钻使其与炮筒内壁摩擦，只是摩擦而不是钻眼，所以并未产生钻屑，但摩擦中产生的热却使大量的水沸腾了。朗福德用这个实验表明了自己的观点：热并不是什么叫做热素的物质，而只是一种运动——摩擦就产生热。

　　可是，朗福德的实验和学说在当时并没有得到普遍的承认。

半个世纪以后，1845年，英国物理学家焦耳又做了类似的实验。他用一个螺旋桨形状的叶片去不停地搅动水，让水流过一个小孔，利用这种流动所产生的摩擦去产生热，又将这热去使连接在一起的气体膨胀。这样，根据气体的膨胀，他就可以计算出来，曾经做了多少功，产生了多少热。也就是说，可以科学地表示出机械的摩擦怎样产生了热，用科学的名词来说，就是使机械能如何转化成为热能，而且这种能的转化应该是相等的。

和焦耳同时代做过同样性质研究的，还有德国物理学家迈尔。1842年，他用一个机械装置来搅拌大锅中的纸浆，也得出了热功当量的数值，只是不如焦耳那样精密。

他俩的实验结果，导致了能量守恒和转化定律的发现，意思是：能量既不能凭空产生，也不能真正消灭，只能由一种形式转化为另一种形式。

这是非常重要的科学发现，在我们的生活中时刻也离不了。比如机械能可以转化为电能，电能也可以转化为机械能，太阳能、化学能、原子能等各种能都在转化中为人们做功。

所以，能量守恒和转化定律被认为是19世纪三大发现（能量守恒和转化定律、细胞学说和进化论）中的首要发现。

（严　慧）

# 21　蜜月途中的实验
## ——热功当量的发现

尼亚加拉大瀑布，是世界上最壮丽的自然景观之一，来这里旅游参观的人，一年四季络绎不绝。

1847年的夏天，一对正在度蜜月的新婚夫妇也来到这里。看到飞悬的大瀑布，新娘忘情地奔跑起来，她钻进瀑布的背后，同周围的游客一样，任凭四溅的水花喷洒在脸上、身上，欢笑不停。新郎却显得有些奇怪，他不去陪伴新婚的妻子，也不去观赏眼前的美景，而是赶紧从背包里取出一只自制的温度计，蹲在瀑布边上专心地测量起水温来。

这位举止不寻常的新郎叫焦耳，后来成了著名的物理学家。对他的名字你一定不陌生，物理学中功的单位就是用焦耳命名的。

焦耳生在英国，是位酿酒商的儿子。他喜欢物理学，尤其对做功产生热的问题感兴趣。

早在焦耳之前，人们已经知道摩擦、电流、运动等做功能产生热量，可是功与热之间到底是什么关系？多少功能转换成多少热？虽然不少人都做过测定，却一直没有求得精确的数据。

为了搞清这一点，焦耳花费了10年的时间进行测量。他对自己所能想到的每一种有热产生的过程几乎都进行过测量，比如船桨搅动水流，气体膨胀与收缩，水流过小孔时摩擦生成的热等等。就连这次蜜月旅行他也没有放过，一说到游览瀑布，焦耳便想：瀑布的水流从很高的岩顶跌落下来时，与地面撞击一定会产生热量，那么瀑布底部的水温应该高于顶部，应该乘此机会测量一下。所以他早早就做好了各项准备，一到大瀑布便行动起来。实验的结果与他的推测完全相同，底部的水温确实比顶部高，虽然只高那么一小点儿。

功夫不负有志人，经过无数次的实验，焦耳终于确定了功与热之间的转换关系，即大约4180万尔格的功能产生1卡（4.184焦耳）的热，这就是著名的热功当量。焦耳的实验证明了半个世纪前朗福德所提出的论点：做的功和产生的热两者之间是密切相关的，一定量的功必定产生一定量的热。它就是能量守恒定律，是"热力学第一定律"。

焦耳就在他新婚的1847年，发表了一篇文章，全面叙述了自己的研究及成果。可惜这篇论文没有受到重视，甚至没有一家学术刊物愿意刊登它。但焦耳并未因此灰心，他想：没地方发表，我就自己做宣传。于是焦耳利用各种机会进行演讲，介绍自己的研究成果。终于，他的演讲引起了英国著名物理学家开尔文的注意。经过开尔文的举荐，英国皇家学会重新审定了焦耳的论文，并发现了其重要价值。1849 年，物理学界正式承认了焦耳所测定的热功当量值。

（冯中平）

# 22 阳光有颜色吗?
## ——太阳光谱的发现

人类每天见到太阳，每天接受阳光给予的恩惠，阳光是什么颜色的？几乎从来没有人发生过疑问，它当然是白色的啦！

可是，生活在 17 世纪的那位著名的科学家，英国人牛顿，有一次注意到，在棱镜的后面出现了彩色的光带，稍一移动，它又消失了。牛顿和这彩色的光带打交道已不是第一次了，因为他正在研究制作望远镜，棱镜周围出现的彩色光带影响他对天体观察的效果。这彩色的光带是从哪儿来的？莫非它来自阳光?! 莫非我们天天见到的阳光竟不是白色的?!

牛顿决心设计一个实验来揭开其中的秘密。他在一间暗室里，从窗板上开了一个直径约 2.5 厘米的小孔，以便太阳光能从小孔里照射进来，就在太阳光照射进来的光带上，放一个清彻透明无杂色的棱镜，棱镜将射入的阳光折射到室内对面的墙上，结果，原本只是一束窄长的光带，经过折射，分散成为一个长条形的彩色光带，它显示出红、橙、黄、绿、青、蓝、紫七种彩色。牛顿认为，这条七彩光带就是组成白色阳光的光，现在它被棱镜折射而分散开来了。但是也有人持不同看法，认为这七彩光带是由棱镜产生的，而不是阳光分解出来的。

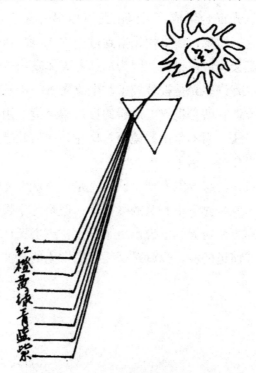

阳光通过一个三棱镜，就被分解为红、橙、黄、绿、青、蓝、紫七色的光带

为了证实自己的发现，牛顿又将实验改进了一下，即在离暗孔1.2～1.5米的地方，再放一个望远镜中用的物镜，即半径约7.5厘米的透镜，让那彩色的光再反向通过透镜，彩色的光经过透镜的折射以后，会重新聚集在相隔3～3.6米的地方。这时，在这个地方用一张白纸挡住那相聚的光，就看到彩色的光带经过透镜的折射而重新混合为白色的了。

在实验中还发现，如果彩色光带中的某一种色光，在通过透镜时被挡掉，那么，用白纸挡住的混合的光就不会是完全的白色，而会呈现出

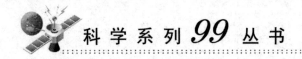

经过不充分的光的混合而表现出来的杂色。

牛顿用实验发现了光的组成的秘密，这是他对科学界最伟大的贡献之一。光由七色光混合组成，不但由此可以揭开天空中出现虹霓的秘密，而且根据这一发现，使牛顿领悟到过去用透镜制造的望远镜，所观察到的现象必定会有许多错误。因为从远方天体发出的光辉，受透镜折射的影响，必定有许多光是被分散了，生成光谱。于是他立即要制造一种独特的望远镜，它就是世界上最初的反射望远镜，用旋转抛物镜面反射的办法汇聚光线，而不是由透镜折射聚光，并由此导致了消色差望远镜的诞生，这当然是后话了。

牛顿根据对光的组成的发现，认为光是一束从发光体运动到眼球的微粒流运动，这就是光学中著名的微粒论；但是与牛顿同时代的物理学家和天文学家惠更斯对光的学说产生了异议，惠更斯认为，光是一种像声波那样伸缩式前进的波，也就是今天我们常说的光波。

（严　慧）

# 23　在太阳光谱以外
## ——红外线、紫外线的发现

在对光的研究上还有两个人，对太阳光谱的组成有重大发现，一位是 18 世纪的德国－英国天文学家赫歇尔；另一位是德国物理学家里特尔。

赫歇尔在天文学上有许多重大的发现，可以想象，他对望远镜的运用是经常的，因而也就经常接触到透镜折射光线而产生的色差现象，也就是说，他常可在透镜的周围看到阳光被折射而产生的光谱现象。

1800年，思想机敏的赫歇尔，面对着这七彩的太阳光谱，突然产生了一个问题，太阳光是那么温暖，那么，究竟是这其中的哪一种光会产生温度呢？于是他也设计了一个很简单的实验：用棱镜使阳光分解为七彩光谱，将温度计分别放在每一种彩光的下面，看看能不能发现不同颜色的光释发出来的热量，是否会表现出令人感兴趣的差异。使赫歇尔不免感到失望的是：每一种彩光下的温度计似乎都没有表现出温度有明显的上升现象，但有一个意外得到的发现是，一只放在红色光谱以外的温度计，原本以为那里不再有什么光了，谁知温度计上的温度却明显升高了许多。

这是赫歇尔对阳光研究的一个重大发现：在太阳光中除了那七色光谱以外还包含着其他的光线，那是人的眼睛看不见的光线，但却是一种有热量的光线。这种看不见的光线被称为红外线，它是一种热线，现在在军事、工农业生产、医学和科学技术研究上有很重要、很广泛的应用。例如在军事上，红外测视仪能观测到夜间的运动；在医学上，可以测量出某个部位由于恶性肿瘤而产生的高于正常细胞的温度等。

赫歇尔发现红外线的第二年，即1801年，德国物理学家里特尔，在对光学材料氯化银进行析出研究时发现，氯化银在有光存在的条件下会分解，析出极细微的金属银，它使原来是白色的氯化银变成黑色。实验中里特尔发现，在光谱蓝色的一端进行氯化银的分解反应比在光谱红色的一端进行要有效得多。使里特尔更为惊异的是，有一次，进行反应实验的时候，将反应物放在蓝色光谱以外去了，用肉眼什么光也看不到了。里特尔本来以为这次氯化银的分解反应大约要失败了，没想到反应的结果比放在蓝色光谱的下面更有效。因此里特尔推断，在蓝色光谱以外，肉眼看不见光线的地方，还存在一种光线，它就是现在我们所说的"紫外线"。

紫外线的发现也是光学中的一项重要发现，它最重要的性质之一是能引起荧光现象，能使荧光物质发出荧光。日光灯发出的荧光就是由它的管壁上的荧光物质受到紫外线的照射而发出的。紫外线还有杀菌的功能，医学上常用它来消毒和治疗。它还能使胡萝卜素转化为维生素 A、维生素 D，因此紫外线照射也被用来治疗软骨病，大夫还经常提醒婴幼儿在冬天要多晒晒太阳，以便多接受到天然的紫外线，有利于避免软骨病、缺钙现象的发生。

（严　慧）

# 24　不是用眼睛看

## ——蝙蝠辨认外界的发现

　　1793 年，意大利生理学家斯帕兰札尼对动物在夜间怎样行动的问题发生了兴趣，在实验中，他发现，猫头鹰在完全的黑暗中其实看不见物体，而蝙蝠却不害怕真正的黑暗，照样可以自如地飞行和捕捉蚊虫、飞蚁之类的夜行小飞虫。

　　斯帕兰札尼想弄清楚蝙蝠究竟能在多么黑暗的条件下飞行，就做了一个密闭不透光的头罩罩在蝙蝠的头上，结果蝙蝠在黑暗中东碰西撞，失去了辨认外界事物的能力。斯帕兰札尼纳闷：既然蝙蝠能在完全的黑暗中自如飞行，戴上密不透光的头罩，怎么就不能自如飞行了呢？他意识到自己设计的实验太粗糙了，因为这种头罩不仅罩住了眼睛，还罩住了头部的耳朵、鼻子、口和皮肤等所有的器官，所以无法分清蝙蝠究竟靠哪个器官在黑暗中辨认外界。

　　斯帕兰札尼改进了自己的实验设计。他给蝙蝠带上了透明的头罩，蝙蝠的眼睛可以看见外界的一切，但它仍旧无法正常飞行，东碰西撞，斯帕兰札尼对此感到非常惊奇。难道蝙蝠在黑暗中不是依靠眼睛辨认外界？于是，他只将蝙蝠的眼睛蒙住，甚至弄瞎，而让其他的器官自由裸露，结果蝙蝠却飞行自由，不受影响。

斯帕兰札尼于是在自然历史协会上报告了自己的发现：他认为蝙蝠不是用眼睛，而是用另外的器官来代替眼睛"看"世界的。

可以想象得出，斯帕兰札尼提出的这个发现，在当时的生物学界，根本是不能被认可的。只有一位叫朱林的外科医生，对这一发现产生了兴趣。他重复并且改进了斯帕兰札尼的实验。第二年，在这个自然历史协会的年会上，朱林报告说，当他用蜡或者别的东西堵住蝙蝠耳朵的时候，蝙蝠就会像喝醉了似的，跌跌撞撞，飞不稳当，所以他认为，蝙蝠是依靠听觉器官——耳朵给自己导航，依靠耳朵辨认外界的事物，在飞行中避开可能遇到的障碍。

斯帕兰札尼也重复了朱林的实验，同意朱林的分析，并且他还发现，如果蒙住蝙蝠的嘴，也会影响蝙蝠的飞行能力。

然而不幸的是，斯帕兰札尼和朱林两人的重要发现，超出了当时人们知识水平所给予的想象力，所以受到强烈的抨击，一些人尖刻而又无情地嘲讽说："既然蝙蝠用耳朵去看，难道它用眼睛去听吗？哈哈！"

他们还振振有词地分析说："像人类这样的高等动物，都还没有进化到可以用耳朵去看，而蝙蝠这样的动物又怎么可能具备人类还不具备的本领呢?!"

结果，斯帕兰札尼和朱林的科学发现在怀疑和嘲讽中被淹没了。

一直过了一百多年，到了1939年，人们才利用先进的仪器搞清楚，蝙蝠确实是用耳朵来接收自己嘴里发出的超声波的回声去辨认外界的事物，这是一项对现代科技产生重大影响的发现。这个发现故事我们在下面进行介绍。

（严　慧）

# 25 得力于先进的检测仪器
## ——超声波回声的发现

尽管当时的科学权威们可以根据自己的认识不承认超前的科学发现，但是，人们对于科学技术的探索并不因为权威们的否认而放弃自己的努力。

由于人们对于声学认识的深入，到 20 世纪时，蝙蝠在夜间辨认外界事物的功能，又重新引起一些科学家的注意。

1912 年，美国发明家马克辛姆指出，蝙蝠可以感知频率很低的声波的回声，而这种声波人的耳朵却听不到。

1920 年，英国生理学家哈特里奇指出，蝙蝠是用高频的尖叫声来导航的，由于这种声波的频率太高，所以人的耳朵也听不到。

他们提出的这种科学猜测，都很有意义，但是科学的真理需要实验的证明，他们都没有证明发现的实验，因而不能被确认。

1938 年，美国哈佛大学物理系一位年轻的四年级大学生格里芬，想用实验来证实这种推测。他知道该系的皮尔斯教授有一台声波检测仪，这种仪器可以检测出人耳听不见的次声波和超声波，并测出这些声波的波长，还可以将它们转变为人耳可以听到的声音。格里芬提了一笼子的蝙蝠到皮尔斯教授那里，请求他允许自己借用声波检测仪检测一下，蝙蝠是不是真正在发出人耳听不到的声音，皮尔斯教授很高兴地答应了。

格里芬将蝙蝠笼子挂在声波检测仪前面，不一会儿，扬声器中果然传出来嘀嗒声、劈啪声和像爆破一般的扑扑声。先进的科学检测仪器使人们听到了人的耳朵听不到的声音，这些声音确实是从蝙蝠的口中发出来的。

又过了一年，格里芬和另一位同学终于搞清楚了，蝙蝠在飞行时从嘴里不断发出一束束超声波，同时用自己那又长又阔的耳壳收集它的回声，蝙蝠就是根据超声波回声来给自己导航，避开障碍物，捕食小飞虫的。它们甚至可以精确地分辨出哪些是自己能吃的飞虫，而哪些是不可以吃的，不去理睬。怪不得一百多年前斯帕兰札尼和朱林都在实验中发现，一旦蒙上蝙蝠的耳朵，它就行动不灵了哩！

根据这个发现，后来人们发明了超声波回声检测仪，也叫声纳，可以用它来检测水下的冰山、潜艇、鱼群。人们还可以用超声波来检测人体内的器官有没有损伤，这就是现在人们常提到的"B超"检查，即B型（成像）超声诊断仪检查。同样，也可利用超声波回声检测机器内部有没有损伤。

（严 慧）

# 26 玩具小镜称出地球质量
## ——万有引力常数的发现

1798年的一天，晴空万里，阳光明媚，这对雾都伦敦来说，真是一个难得的好天气。

街上，一位衣着古板的老人背着双手，慢腾腾地向前走。他低头不语，像是在思索着什么。路边上一群孩子正玩得起劲，他们的吵闹声打断了老人的思考。他停下脚步，抬起头来。

原来，孩子们在做一个有趣的游戏。他们每人手里拿着一面小镜

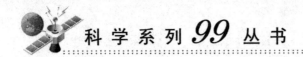

子，一边用镜子对准别人照，一边又要躲开同伴用镜子向自己射来的阳光。他们就这样又"攻"又"守"，嘻嘻哈哈，玩得很开心。

**玩镜子游戏给了科学家灵感**

老人也被孩子们的欢乐感染了，站在一旁兴致勃勃地看着。不久，他便注意到：孩子手中的小镜子，只要角度稍一偏转，被镜子反射的太阳光点就会移动一大截。也就是说，手的轻微动作，使太阳光点的移动角度，通过反射给放大了。

"对，放大了！扭动可以放大！"

老人突然高兴得手舞足蹈起来，并且赶快转身向家中跑去。这个老人是谁呢？他就是英国大名鼎鼎的物理学家卡文迪什。刚才，卡文迪什是去皇家学会开会的，碰巧遇上了孩子们做游戏。没想到，这简单的游戏竟帮助他解决了一个科学难题。

原来，卡文迪什青年时代就有一个愿望：要测算出地球的质量。但是，由于地球各个部分的密度是不均匀的，因此不能用"质量＝密度×体积"的公式来计算。后来，牛顿发现了万有引力定律，根据这个定律，只要知道了一个已知质量的物体 $m_1$，地球对该物体的吸引力 $F$，还有地球与物体之间的距离 $r$ 和万有引力常数 $G$，就可以计算出地球的质量 $m_2$ 来。在这几个值中，地球对物体的距离可以近似地看作是地球的半径，其他值都很容易知道，难的是万有引力常数的测定。

这是因为地球上的一般物体之间，引力是非常微弱的，在当时的条件下，这样小的力很难测定出来；即使测出来了，误差也很大。为了测定万有引力常数 $G$，包括牛顿在内的一些科学家用各种不同的方法尝试过，但都没有成功。称量地球的质量成了当时物理学上的一大难题。

在石英丝上固定一面小镜子，就可以从镜子反射出的光束的移动，看到引力的作用

卡文迪什年轻时就开始接触这个难题，经过 50 年了，如今，他已是两鬓斑白的老人了，还是没能找到一个满意的解决办法。尽管如此，他仍然没有放弃自己的研究。在这之前不久，他设计了一套实验装置：用一根很细的石英丝吊起一个哑铃状的铅球，再用另一只大铅球去接近它。由于两铅球之间存在的引力会使石英丝发生扭动，只要能测出扭动的大小就可以知道引力 $F$，从而进一步推算出万有引力常数 $G$ 了。

但是实验未能获得预期的成功，两个铅球之间的引力太微弱，它使石英丝产生的扭动细微到用肉眼觉察不出来。刚才他偶然看到孩子们玩的镜子游戏，才感到豁然开朗。卡文迪什想，利用镜子放大光点位置的变化，不就可以使石英丝的扭动加以放大，从而可以准确地测量出扭动的大小了吗？

卡文迪什立即对自己的实验装置进行了一番改进。在石英丝上固定了一面小镜子，并用一束光线去照射它，让被镜子反射的光照在一只刻度尺上。这样，只要石英丝有一点儿轻微的扭动，反射在刻度尺上的光束就会移动一大截，使观察者看得十分清楚。石英丝被引力牵引产生的扭动被放大了，卡文迪什就可以根据这个数据去测算出引力常数了。

经过反复的测算，卡文迪什终于测出了万有引力常数 $G$，这是一个非常小的数，小到小数点后还要再写上 8 个 0。而用 $G$ 推算出的地球的质量，则是一个大得令人吃惊的数，足有 60 万亿亿吨！至此，人们才终于弄清楚自己生活的这个星球的质量；而卡文迪什的这一发明，被称为"扭秤"实验法，至今仍在精微测定技术中应用。

（冯中平）

# 27　会跳舞的花粉
## ——布朗运动的发现

1801 年，一艘科学考察船从英国的北爱尔兰出发，驶往澳大利亚。因为那时澳大利亚是一块刚发现不久的新大陆，充满了神秘色彩，吸引了许多科学家到那儿去探险和考察。船上有许多科学家，年轻的植物学家、苏格兰人布朗，也是考察成员之一。

1805 年，在澳大利亚考察了 5 年之久的科考船顺利返航，布朗在这次考察中收获不小，带回了 3900 多种植物标本，准备对它们一一进行细致的分类研究。

为了准确辨认各种植物，布朗使用了显微镜。在当时，显微镜是刚刚进入科学界不久的观察仪器。没想到，小小的显微镜给布朗带来了一生中最重要的两项发现。

布朗用显微镜观察了植物的细胞，他发现，任何一种植物的细胞中心，都有一个微小而坚硬的物体。布朗认为，这个物体是属于细胞的一个独立部分。1831年，布朗给这种物体取名"细胞核"。这个名字直到现在还在应用，对细胞核的研究，也不断有新的发展。

第二项发现虽然与植物学没有关系，但是它在物理学上有着重要的意义。

那是1827年，布朗在研究一种植物的花的繁殖过程时，在显微镜下，他看到那些悬浮在水中的花粉微粒，在水中窜来窜去，好像在表演舞蹈，有趣极了。布朗看了很久，并感慨地说："这是生命的运动啊！"

原来，布朗认为，花粉是有生命的物质，所以可以运动。不过，对这种解释，布朗自己又有些怀疑，因为那毕竟是自己头脑中的一个想法，并没有充分的实验根据。

科学的严肃态度促使布朗重新拿起了显微镜。这一次他观察的不是花粉，而是染料，染料没有生命。

"假如染料微粒在水中不跳舞的话，那我的猜想就是对的。但愿如此。"布朗暗暗地想。

可是，在显微镜下布朗看到，染料的微粒在水中也不安分，仍然快速运动，翩翩起舞，活跃极了！

奇怪，没有生命的东西怎么会运动呢？它的力量来自哪里？布朗自己无法回答这些问题，不过他把这一发现写进了一篇科学论文中。

布朗的发现引起许多科学家的兴趣，他们纷纷重复布朗的实验，选择了很多种物质的粉末放在水中，观察的结果一致表明，只要水温均匀，无外力作用，悬浮在水中的微粒都表现出这种无规则的快速运动现象。然而，像布朗一样，谁也解释不了这种现象，就把它称为"布朗运

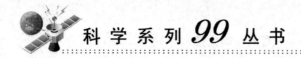

动",它成为当时一个著名的科学之谜。

直到 1905 年,著名的物理学家爱因斯坦一连发表了三篇论文,分析了"布朗运动"的实质,指出悬浮在水中的花粉"跳舞",以及其他物质的微粒悬浮在水中,都会表现出一种快速运动现象,那其实是水分子运动的表现,由于水分子的不停运动,驱使着悬浮在水中的花粉微粒或其他微粒做无规则的快速运动。它为原子学说提供了一个证据,这证据是观察的结果,而不是推论的结果,从而使得原子学说在实验的证据下得以确立。

(冯中平 严慧)

# 28 透过蒙蒙的云雾

## ——威耳孙云室的发现

1894 年夏天,一个英国青年自愿放弃了暑假的休息,要求参加尼维斯山气象站的观测工作。他叫威耳孙,是英国剑桥大学卡文迪什实验室的研究人员。

工作之余,威耳孙喜欢站在山巅上四下观望。那云雾缭绕的群山和穿过薄雾倾射而下的霞光,常常使他陶醉,也时时引起他的思索。

威耳孙知道,高空中的水蒸气冷却时,会凝结成小水滴。空气的浮力能把这些极微小的水滴托浮在空中,于是就形成了云雾。因此,本来看不见的水蒸气变成了蒙蒙的白雾,把大自然装点得更加绚丽多彩。但是水蒸气转变为云雾的一个重要条件,是要有"凝聚核",水蒸气只有依附在凝聚核上,才能成为云雾,空气中的尘埃就是这样一种核。反过来说,云雾的形成也证明了尘埃微粒的存在……威耳孙的思维在这里突然停顿了，因为他想起了不久前的一件事。

一次，威耳孙的老师——英国著名的物理学家汤姆孙教授向他说起，目前他正在研究一种比原子更小的微粒，非常需要一架能显示这种微粒运动轨迹的仪器。威耳孙很想助老师一臂之力，只是一直没有想出什么好办法来。

刚才闪过的"云雾形成能证明尘埃存在"的想法，使他一下联想到利用云雾来显示微粒的运动轨迹。此后，威耳孙一边进行各种有关的实验，一边继续观察云雾现象。为了看得更仔细，他经常不畏艰险，爬到苏格兰最高的尼维斯峰的峰顶上去观察。1896 年，威耳孙终于设计出了一个能观察微粒运动的"云室"，人们称它为"威耳孙云室"。

威耳孙云室是一个带窗口的盒子，盒子下面装着活塞。使用时，把饱和的水蒸气从一个窗口吸入室中，当活塞向下移动时，盒子里的空气由于急剧扩散冷却下来。这时，只要把一束电子流射人另一窗口，冷却的水蒸气就会凝聚在电子表面，形成小雾滴。由于电子在高速运动，雾滴便会留下一道线痕，这样，在适当的照明下，电子运动的轨迹就清楚地显示出来了。其实，不仅是电子，任何一种运动粒子，都会在云室里留下自己的踪迹。这个踪迹不但能看到，还能拍成照片，研究起来十分方便。

有了威耳孙云室后，人们进一步研究了 α 粒子和 β 粒子。1932 年，美国物理学家安德森借助云室发现了宇宙射线中的正电子……

威耳孙云室对于原子核研究是一种必不可少的装置，为科学研究做出了重要的贡献，威耳孙本人也因此获得 1927 年诺贝尔物理学奖。

（冯中平）

# 29 捕捉神秘之光

## ——X射线的发现

1895年11月，一个寒冷的冬夜，在德国维尔茨堡大学的实验室里，一位老教授还在工作着，他叫威廉·康拉德·伦琴。

几个月来，伦琴正以极大的热情研究不久前发现的阴极射线。他把一对金属电极密封在一只玻璃管的两端，然后抽去管内的空气，就制成了简单的阴极射线管。当在两极加上高电压时，会从阴极发射出高速的电子流。让这电子流通过一片薄的铝窗，打到一幅涂有氰亚铂酸钡的屏幕上，便会发出美丽的荧光来。

这时，伦琴熄了灯，准备再做一次阴极射线的实验。高压电源已经接通了，他突然想起，忘记拿掉盖在阴极射线管外边的黑纸板了。伦琴走到桌前，正预备拿火柴点灯，忽然发现，涂着氰亚铂酸钡的屏幕上闪烁着黄绿色的荧光。

奇怪，管子被纸板盖着，阴极射线是绝不会透射出来的，这是怎么回事呢？难道从阴极射线管里还能发出另一种射线，它能穿透黑纸板，映射到屏幕上吗？

伦琴想试一试。他把一本书放在管子与屏幕之间，看看会有什么变化。真有意思，荧光继续闪烁着；他又换了一块木板，荧光仍旧闪烁着。伦琴又惊讶又高兴，因为这就是说，纸板、书和木板都不能阻挡这种射线。

什么能挡住它呢？伦琴在周围竟一时找不出合适的东西了。他无意中看到了自己的手，对！为什么不用手试试呢？

当伦琴把手放在射线管和屏幕之间的时候，竟把自己也吓了一跳。因为他从屏幕上看到的，竟是一只手的骨骼的阴影。

伦琴明白了，这射线能穿透皮肤和肌肉，但是它被骨骼挡住了。一种神秘的射线，能穿透某些物体的射线！这在伦琴生活的那个时代，可真是一件闻所未闻的事情。它是伦琴的一大发现。

1895年圣诞节刚过，伦琴关于新射线的论文就在一家医学杂志上发表了。

这个消息，立即成为各家报纸的头条新闻，并通过电话和海底电缆传遍了全球。

世界各地的学者，尤其是医学专家，都不辞辛苦、千里迢迢地来拜访伦琴，他们要亲眼看看这奇异的射线。

新闻记者们也蜂拥而至。一家美国报纸的记者问伦琴："这射线是光吗？教授。"

"不是。假如它是光，那应该有一定的波长，可是我用了很多方法，也没有能测出它的波长来。"

"那么它是带电的微粒吧？"

"也不是。"伦琴又摇摇头，"我做了一些实验，没有发现它具有电磁感应的现象。"

"那么它会是什么呢？教授。"

"我不知道。"伦琴摇着头，实事求是地回答，"它好像数学中的未知数——X，所以我只好称它为X射线。"这便是我们常说的X光。

1912年，德国物理学家劳厄通过实验，证实了X射线是一种波长极短的电磁波，或者说是一种光。以前，由于条件的限制，伦琴无法测知X射线的波长，误以为它既不是光，也不是电磁波，在这一点上，伦琴判断错了。

X射线的发现，引起了生理学家和医生，特别是外科医生的极大兴趣，因为它可以作为医疗诊断的有力工具。第一次世界大战期间，居里夫人曾利用X光透视机，在前线为伤员检查弹片的位置，拯救了成百

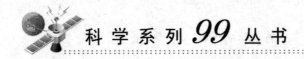

上千人的生命。直到今天，我们也常常利用 X 光透视来检查身体内部的健康情况。

此外，X 射线还是人们研究物质的分子和晶体结构、光电效应及金属探伤等的重要手段。由于 X 光的发现，伦琴获得了 1901 年诺贝尔物理学奖，他是第一位获得这项奖金的科学家。

（冯中平）

# 30  阴天带来的收获
## ——放射性元素的发现

1895 年，伦琴发现 X 射线后，世界上几乎所有的物理学家都在关注和研究这种神奇的射线，法国物理学家贝克勒尔也是一个 X 射线迷。

一次，贝克勒尔的一位朋友来访，他叫庞加莱。庞加莱虽然是个数学家，却有幸收到伦琴寄给他的一张 X 光照片，并亲眼观看过伦琴的表演。他告诉贝克勒尔，X 射线很可能是从管子正对着阴极的区域发出的，因为这部分的玻璃都发出了荧光。

"荧光！"贝克勒尔一下兴奋起来。原来，他的父亲和祖父都是以研究荧光著称的物理学家。受长辈们的影响，贝克勒尔也对荧光很感兴趣，他想 X 射线与荧光之间或许有某种联系呢！于是决定立即着手实验。

贝克勒尔是这样设计试验的：用两张很厚的黑纸包住照相底片，纸要包得十分严密，即使在太阳下晒上一天，底片也不会曝光，然后在黑纸上放一些荧光物质，再拿到太阳下晒。如果荧光物质在强光的照射下，真能发出 X 射线，那么包在黑纸里的底片就会曝光。贝克勒尔选择了钾铀酰硫酸盐做荧光物，并准备在第二天，即 2 月 26 日进行试验。

谁知天公不作美，26 日这天天气阴沉沉的，实验无法进行。27 日、28 日又连阴了两天，太阳躲在乌云后面，就是不肯露面。贝克勒尔不免有些沮丧。

3 月 1 日，天气还没有转晴的意思。贝克勒尔想，底片放了快一个星期了，再用它做实验恐怕不合适，便把它冲洗出来。没想到，在冲出的底片上，他看到一个极深的黑色轮廓，这轮廓恰好是放在黑纸上的钾铀酰硫酸盐的形状。

奇怪，底片包得很严，又放在抽屉里，怎么会曝光呢？看来这含荧光的铀盐会发出一种射线，而且能穿透黑纸。射线会是荧光发出的吗？可是，荧光物如果没有经过日光照射，是不会发光的。于是贝克勒尔又用不含荧光的铀化合物进行实验，底板上仍然出现了轮廓，说明这种穿透性射线确实和荧光无关。后来，贝克勒尔又做了很多次实验，证明了这种穿透性射线是铀发出的。这种射线有和 X 射线相同的地方，也有不相同的地方。这是一种新射线。贝克勒尔一点也不怀疑自己的判断，立即给科学院写了报告，时间是 1896 年 3 月 2 日。

然而也许贝克勒尔的发现来得太快了一些，人们还沉浸在发现 X 射线的喜悦中，顾不上去理会他，这份重要发现的报告并没有唤起科学界的热情。

两年后，一位正在巴黎大学攻读博士学位的波兰女学生，读到了这份报告。与别人不同，读过之后，立刻感到一种振奋，并确信这是继 X 射线后的又一个重大发现。这位女学生就是著名的居里夫人。

居里夫妇在对新射线进行深入研究时发现自然界中除了铀外，还有钍、钋、镭等都能放射这种射线，居里夫妇的成功轰动了世界。后来，科学家把这类物质称为放射性物质，把这种射线现象定名为放射性，放射性在物理学中占据着重要的地位。为此，贝克勒尔和居里夫妇共同获得了 1903 年的诺贝尔物理学奖。

放射性可以用在很多地方。比如在工业中用来测厚度和探伤；在农业中用来育种和刺激生物生长；在医学中用来诊断和治疗等等。

（冯中平）

# 31  木工房里做出的卓越分析
## ——核裂变概念的提出

1907年的寒冬，在柏林大学的一间木工房里，有位瘦弱的女子正在专心工作。尽管两只手冻得又红又肿，呼出的气立即变成了白色雾团，她却全然不知。这位女子就是奥地利和瑞典物理学家迈特纳。

当时德国科学界有一种歧视女性的偏见，不允许女人进入实验室，因此迈特纳只好在这间木工房改装成的实验室里工作。

1914年，第一次世界大战爆发后，迈特纳中断了自己的研究工作，像居里夫人一样，志愿到军队里当了一名拍摄X光片的护士，终日为拯救受伤战士的生命而奔波着。

战后，迈特纳立即返回实验室，继续从事放射化学的研究。1917年，她与德国化学家哈恩博士合作，在对沥青铀矿进行分析时，发现了91号元素镤。

第二次世界大战期间，出生于犹太家庭的迈特纳为了逃避德国法西斯的迫害，流亡到瑞典首都斯德哥尔摩，但她与留在柏林的哈恩博士始终保持着联系，并时常交换研究中的问题。

1938年底，迈特纳收到哈恩博士的一封信。信中说，他与助手斯特拉斯曼用中子轰击铀核时，原以为会产生比铀重的新元素，不料得到的却是比铀几乎轻一半的元素钡和更轻的氪，钡和氪的总重量也比铀核轻。他们无法解释这个现象，特写信征求迈特纳的看法。

迈特纳回信说："这个实验结果是无可怀疑的。"她大胆地提出这是铀原子核被中子轰击发生了分裂的结果，就如同一滴水分裂成两个小水滴一样。受细胞分裂现象的启发，迈特纳把这种铀核分裂现象称之为"核裂变"。她还认为：在核裂变中，减少的那部分重量已经转变成了能量。根据爱因斯坦的质能转变公式，迈特纳计算出核裂变中所释放出的能量为 200 兆电子伏特。

迈特纳将这一观点写成论文，发表在英国《自然》杂志上后，立即引起了轰动，全世界的核物理学家都震惊了。因为他们意识到，如果核裂变反应能持续进行，那产生的能量将是极其巨大的。

核裂变理论的提出，给人类科学史揭开了崭新的一页。因为不久就弄清楚，原子核被轰击发生裂变时，不但能释放出巨大的能量，而且同时发射出几个中子；中子可以继续轰击原子核使之再裂变……这样就产生了原子裂变的链式反应，通过链式反应人们可以得到巨大的能量。这能量首先被想到用来制造杀伤力极大的武器——原子弹。

为了抢在德国法西斯希特勒的前面制造出原子弹，不久，美国政府在核裂变理论的指导下，开始了研制原子弹的曼哈顿工程，并邀请迈特纳参加，但被这位热爱和平的女科学家拒绝了。第一颗原子弹于 1945 年 8 月 6 日被投掷在日本广岛，两天之后另一颗原子弹被投掷在长崎，给日本人民带来巨大的灾难。

1959 年，在柏林大学成立了哈恩—迈特纳核研究所，这位木工房里出身的女科学家，终于在德国为自己赢得了地位。

1966 年，迈特纳获美国原子能委员会授予的费米奖，成为世界上第一位获此殊荣的女科学家。迈特纳终生未婚，她将自己的全部精力都献给了科学事业。

令人欣慰的是，原子裂变释放出来的巨大能量同样可以为和平事业做出巨大贡献。核电站已在许多国家建立，我国也已成功地建立了秦山核电站和大亚湾核电站。

（冯中平）

# 32  一瓶忘记喝的啤酒
## ——气泡揭示粒子踪迹的发现

1952 年的一天，天气异常闷热。正在紧张工作的美国物理学家格拉泽，打开了一瓶啤酒。可是，不知因为什么事情打断了一下，他忘记喝了。

过了一阵，格拉泽忙完了手头的事，才忽然想起刚才开了盖的啤酒。格拉泽拿过酒瓶一看，哎，可惜！这瓶酒打开的时间太长了，啤酒里的气泡都跑光了。

格拉泽有点儿懊丧地把啤酒向杯中倾倒。咦，又有许多气泡冒上来了！

"看来气体并没有跑光，还有不少偷偷地躲在啤酒里，一摇动，它们就藏不住了。"格拉泽不由地自言自语起来。

"用别的办法，也能使藏匿的气体跑出来吗？"格拉泽略略沉思了一下，把一粒沙子丢进了酒杯。沙子向杯底沉下去了，同时它的周围也跟着产生了一连串的气泡，这气泡给沙粒绘出了一条清晰的沉降曲线。

咦，又有许多气泡冒上来了

原来，当瓶盖紧紧盖着时，溶解在啤酒里的二氧化碳气体，会使瓶内保持一定的压强。而打开瓶盖后，压力降低，二氧化碳便会从啤酒里跑出来，形成大量的气泡。当气泡停止逸出时，啤酒中实际上还有不少的气体，是处在一个不稳定的状态。这时，如果摇动它、或者丢进沙粒干扰它，气泡又会继续产生。

一连几天，格拉泽都在想这件事，特别是沙子下沉时，气泡所显示的那条曲线，总时时出现在他的眼前。

在原子核物理上，科学家们常常要同一些带电微粒打交道，像电子、原子核、离子等。可是这些微粒非常非常小，用肉眼是看不见的。为了捕捉它们的踪迹，科学家们想了很多办法，最常用的就是"云室"，它是英国物理学家威耳孙在1896年通过自己的发现而发明的（见本书《透过蒙蒙的云雾》）。利用云室虽然能够观察到许多粒子的踪迹，但效果不很理想。特别是对一些寿命极短的微粒，往往因为不能及时发现，而从科学家的眼皮底下溜走了。

"如果让气泡来指示粒子的踪迹，那就清晰多了！"

想到这里，格拉泽决定试一试。他把液态氢装在密闭的容器中，它好比一瓶没有打开的啤酒。然后给容器突然减压，这时的液态氢相当于打开瓶盖、冒过气泡后的啤酒，处在一种不稳定状态。然后，格拉泽将一束带电粒子射入液体氢中，这如同向啤酒中丢进一粒小沙子。果然，液体氢中产生了一串小气泡，它正是带电微粒经过液体时留下的足迹。这条气泡曲线是那样的清晰，用高速摄像机可以清楚地拍下来。

不久，格拉泽在这一发现的基础上，研制成功了气泡室，这是一种探测高能粒子运动径迹的仪器。有了气泡室做助手，科学家们很快又发现了一批基本粒子。格拉泽因发明气泡室获1960年诺贝尔物理学奖。

（冯中平）

# 33  在葡萄园中找到的"金子"
## ——砷、磷元素的发现

　　《伊索寓言》里有这样一个故事：一位种植葡萄的老人在临终的时候，把他的儿子们叫到床前，告诉他们，自己在葡萄园里埋下了许多黄金，是留给他们的。老人去世后，儿子们把葡萄园里的地翻了个遍，也没有找到金子。但是第二年，园子里的葡萄却获得了丰收。

　　同寓言里找金子的人一样，古代也有许多幻想得到大量黄金的人，他们想尽各种办法，试图在铜、铁等普通金属中加入某种物质后，能够"点化"出黄金、白银。这些身披黑斗篷的炼金家，费尽心机，也没能炼出黄金。但在烟火绵延之中，他们却在无意中发现了许多元素。

　　砷，就是由德国的炼金家马格努斯发现的。1250年，他在炼金时，用雌黄（硫化砷）与肥皂共热的方法，意外得到了色白如银的砷。这一发现使许多人以为用此法就可得到大量白银。然而，由于砷和砷的化合物有很大的毒性，许多采矿的奴隶因此断送了性命。在炼金术士的记录符号中，砷是用一条盘卧的毒蛇来表示的，在现代科学应用中，砷的化合物可做杀虫剂、木材防腐剂等，高纯砷可用于半导体和激光技术中。

　　磷，这种在黑暗处会发出冷光的物质，是德国人布兰德最早制取的。布兰德曾当过医生，后来受到炼金术士的诱惑，想变成百万富翁，便做了炼金家。他看到人尿颜色橙黄，就想从尿中提取一种物质——哲人石，据说哲人石可以"点银成金"。1669年，布兰德在提取哲人石的实验中，却意外得到一种色白质软的物质。奇怪的是，这种物质在黑暗处竟能闪烁幽幽光芒！这种物质就是磷，它的希腊文意思是"鬼火"。

有人把磷带到勃兰登堡的宫廷去展览，当夜幕降临时，大厅里所有的烛光都熄灭了，只有瓶中那一小块磷在闪耀着荧光。随着贵族小姐和妇人们的惊叫，磷也成了稀世珍宝，欧美各国的达官贵人竞相争购，许多炼金术士因此发了财。在现在，磷主要做磷肥，用于农业；磷还可以制造火柴、杀虫剂、燃烧弹等。

可以说，古代的炼金术是近代化学的前驱，那些神秘莫测的炼金家们，如同在葡萄园中挖金子的人一样，没有炼出黄金，却为元素的发现开掘出一块沃土。

（冯中平）

# 34　会变色的紫罗兰
## ——酸碱指示剂的发现

清晨，花匠照例采下一篮鲜花，送到主人玻意耳的房间。玻意耳是17世纪英国著名化学家，他热爱工作，也十分喜爱鲜花。因为美丽的鲜花能让人赏心悦目、消除疲劳；扑鼻的花香则令人心旷神怡、精神振奋。

今天花匠送来的是深紫色的紫罗兰，是玻意耳最喜爱的一种花。玻意耳随手取出一束紫罗兰观赏起来。

"老师，我们买的盐酸从阿姆斯特丹运来了。"助手威廉报告说。

"哦，这酸的质量好吗？请倒一点儿出来，我想看一看。"

说着，玻意耳走进实验室。他把手中的紫罗兰放在桌上，帮威廉一起倒盐酸。瓶盖刚打开，刺鼻的气味便冲了出来，瓶中那淡黄色的盐酸液体还在不断地向外冒烟。

"嗯，这酸的质量看来不错。"

玻意耳满意地拿起那束紫罗兰，又回到书房。这时，他看到花朵的上方微微飘动着轻烟。糟糕！准是给浓盐酸熏着了，应当赶快冲洗一下。

玻意耳把花头朝下放进一只盛满清水的杯子里，便坐下看起书来。

过了一会儿，他抬起头来。奇怪，杯里紫色的花儿怎么变成了红色？

"难道……"玻意耳的心猛地跳动起来，他不由地回想起一件往事。

那还是许多年前，年轻的玻意耳离开喧闹的伦敦，到斯泰尔桥乡下的别墅去度假。在那里，他与当地一位医生的女儿爱丽丝相爱了。

一次，他们一同出去散步，突然看到有人跪在田里吃土。看到玻意耳疑惑不解的神情，爱丽丝说：他们是在用嘴辨别土壤的酸碱性，好决定给地里种什么作物，施什么肥料。爱丽丝还告诉他，在父亲的诊所里，常有因为尝土而染上疾病的人，有时他们还会悲惨地死去。

玻意耳被深深触动了，他很长时间默默不语。

"亲爱的，你不是化学家吗？想想办法，别让他们再尝土了！"爱丽丝哀求道。

"放心吧，我会有办法的。"玻意耳自信地说。

谁知一年后，爱丽丝被肺结核夺去了生命。可是，她那善良和期待的目光却是玻意耳永远忘不了的。

想到这里，玻意耳放下书，提起满篮的花儿大步走进实验室。

"快！威廉，赶快取几只烧杯来！每只杯里倒上不同的酸。对，还要用水把酸稀释一下。"

威廉马上照老师的吩咐办了。尽管他暂时还不明白这是为什么，可是他知道，待会儿一切都会清楚的。

玻意耳给每只烧杯里都放进一朵紫罗兰，并招呼威廉坐下来仔细观察。果然，深紫色的花开始变色。先是淡红，不久完全变成了红色。

哦，威廉明白了，老师是想用花的颜色变化来判断酸的存在。

"老师，有遇到碱会改变颜色的植物吗？"威廉大胆地问。

"完全可能有！我们现在就来动手试验。"

他们从花园采来了各种鲜花，又到野外收集了青草、树叶、苔藓、树皮和植物的根，从中萃取出汁液，再用酸和碱一一去试。

他们发现，有一种从石蕊苔藓中提取出的紫色浸液，遇酸变红、遇碱变蓝，十分灵验。

这是多么有用的东西啊！玻意耳给它们取名为"指示剂"。有了指示剂，人们再也不必为判断物质的酸碱性而犯愁了。玻意耳终于实现了自己的诺言，他仿佛又看到爱丽丝那含笑的目光。这种酸碱指示剂，现在我们还常常使用。

（冯中平）

# 35 "神水"之谜不神秘

## ——芒硝的发现

距今三百多年，在意大利的那布勒斯城里，有位 21 岁的德国青年正在那里旅行。他叫格劳贝尔，后来成了一名化学家和药物学家。

格劳贝尔因为家境贫寒，没有进大学深造的条件，他便决定走自学成才的路。格劳贝尔刚刚成年时，他就离开家，到欧洲各地漫游，他一边找活儿干，一边向社会学习。

可是很不幸，格劳贝尔在那布勒斯城得了"回归热"病。疾病使他的食欲大减，消化能力受到严重损害。看到格劳贝尔一天比一天虚弱，却又无钱医治，好心的店主人便告诉他：在那布勒斯城外约 10 千米的地方，有一个葡萄园，园子的附近有一口井，喝了井里的水可以治好这

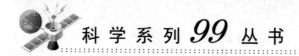

种病。

格劳贝尔被疾病折磨得痛苦不堪，虽然半信半疑，还是决定去试试。奇怪的是，他喝了井水后，突然感到想吃东西了。于是，他一边喝水，一边吃面包，最后居然吃下去一大块面包。不久，格劳贝尔的病就痊愈了，身体也强壮起来。回到家里，他便把这件稀奇事告诉了亲友。大家都说这一定是神水，天主在保佑他呢！格劳贝尔自然是不相信这一套的，可究竟该怎么解释呢？

这件事像是有股魔力，时时缠绕着格劳贝尔。一天，他终于耐不住，又去了那布勒斯一趟，取回了"神水"。

整整一个冬天，格劳贝尔哪儿也没去，关起门来一心研究着"神水"。他在分析水里的盐分时，发现了一种叫芒硝的物质，格劳贝尔认为，正是芒硝治好了自己的病。

于是格劳贝尔紧紧抓住芒硝这一物质进行了大量研究，了解到它具有轻微的致泻作用，药性平和。由于人们历来就有一种看法，认为疏导肠道通畅对身体健康有极大好处，所以格劳贝尔认为自己得到了医药上重大的发现，把它称为"神水"、"神盐"，后来还把它称为"万灵药"，他相信自己的病就是喝这种"神水"治好的。

这是大约发生在1625年前后的事，化学还没有成为一门科学，格劳贝尔对万灵药的兴趣还带有炼金术士的色彩。1648年，格劳贝尔住进一所曾经被炼金术士住过的房子，把那个地方变成了一所化学实验室，在实验室里设置了特制的熔炉和其他设备，用秘方制出了各种化合物当作药物出售，其中包括我们现在称为丙酮、苯等液态有机物。格劳贝尔不愧是一位启蒙化学家。

至于格劳贝乐当年发现的"万灵药"芒硝，现在已经弄清楚，它是含10个结晶水的硫酸钠。硫酸钠在医学上一般用做轻微的泻药，更多的用途是在化工方面：玻璃、造纸、肥皂、洗涤剂、纺织、制革等，都少不了要用大量的硫酸钠；冶金工业上用它做助熔剂；硫酸钠还可用来制造其他的钠盐。

瞧，要是当初格劳贝尔痊愈后，以为万事大吉，不再去深追细究，哪里会有以后的这许多发现呢！为了纪念格劳贝尔的功绩，人们也把芒硝称为"格劳贝尔盐"。

应该说明的是，关于芒硝的医药效能，早在我国汉代张仲景的医著《伤寒论》和《金匮要略》，还有晋代陶弘景的《名医别录》中都有记载。所以，要说最早发现芒硝有医药效能的还应该是我们中国人。只可惜我们未能用现代科学的方法对它做进一步的研究。

（冯中平　严慧）

# 36　葡萄酒桶里的硬壳
## ——酒石酸的发现

1770 年的夏季，瑞典的天气异常炎热。有一天，斯德哥尔摩城里的沙兰伯格药房，运进了几大桶葡萄酒。

工人们正把沉重的酒桶从马车上卸下来，这时，药房里一位年轻的药剂师走了过来。他打开桶盖，仔细看了看。

葡萄酒质量是上等的，只是经过一路太阳的暴晒，桶壁上结了厚厚的一层淡红色的硬壳。

"咦，这是什么东西？"

显然，这硬壳引起了药剂师的兴趣，他刮下了一些硬壳，拿回自己的房间。

这位药剂师名叫舍勒，他从 15 岁开始到药房当学徒。舍勒没有进过大学，但他勤奋好学，对化学特别感兴趣，喜欢动手做各种实验。他利用沙兰伯格药房的丰富藏书和工作的便利条件，自学了许多化学家的著作，还亲自动手检验了不少物质的化学性质。

晚上，舍勒兴冲冲地喊来了他的朋友莱齐乌斯。莱齐乌斯是位年轻的大学生，同舍勒有着相同的志趣和爱好，他们经常在一起讨论问题，做各种实验。舍勒拿出从酒桶里刮下的硬壳，他们用加热的办法把硬壳溶解在硫酸里，等冷却后便析出一种晶莹透明的晶体。

看着这块晶体，舍勒和莱齐乌斯琢磨开了：这玩意到底是什么东西呢？它的味道是甜的，还是苦

咦，这淡红色的硬壳是什么？

的？舍勒想，这东西既然是从葡萄酒的沉淀物中提取出来的，大概不至于有毒。他决定亲口尝一尝，便拿起一块晶体，用舌头轻轻舔了舔，嗯，原来它既不是甜的，也不是苦的，而是有一种类似酸葡萄的味道。他们又把晶体溶解在水里，经过几次实验，发现它有许多酸的性质。于是，舍勒和莱齐乌斯便给它取名为"酒石酸"。

酒石酸提取成功后，两位年轻人兴致勃勃地将他们的发现写成论文，寄给了瑞典皇家科学院。谁知道，世俗的观念使这两个无名小辈的研究成果遭到冷遇，他们的论文被搁置在一旁，无人问津。

舍勒等了很久，没有接到皇家科学院的答复。不过，他并没有因此灰心。舍勒想，自然界的植物中，一定还有许多不为人知的酸。于是，他按照发现酒石酸的方法，从植物中提取了许多种酸。1776 年，他制得草酸；1780 年，制得乳酸和尿酸；1784 年，制得柠檬酸；1785 年，制得苹果酸；1786 年，制得没食子酸……至于他们最早发现的酒石酸，并没有长期被埋没，它后来主要被用于食品工业，如制造饮料；酒石酸还可与多种金属离子结合，做金属表面的清洗剂和抛光剂。

瞧，这一个接一个的成功，不都来自于偶然沉淀在葡萄酒桶里的硬壳吗？

（冯中平）

# 37　两只幸运的小白鼠
## ——氧气的发现

1774年8月1日，英国化学家普里斯特利同往常一样，在自己的实验室里工作着。前几天，他发现有一种红色粉末状物质，用透镜将太阳光集中照射在它上面，红色粉末被阳光稍稍加热后就会生成银白色的汞，同时还有气体放出。汞是普里斯特利早已熟悉的物质，可那气体是什么呢？今天他想仔细研究一下。

普里斯特利准备了一个大水槽，用排水法收集了几瓶气体。

这气体会像二氧化碳那样扑灭火焰吗？普里斯特利将一根燃烧的木柴棒丢进一只集气瓶。啊，木柴棒不但没有熄灭，反而烧得更猛，并发出耀眼的光亮。

看到眼前的景象，普里斯特利兴奋起来，他又将两只小白鼠放进一只集气瓶中，并加上盖子。过去普里斯特利也曾做过类似的实验，在普通空气的瓶子里，小白鼠只能存活一会儿，然后慢慢死去；在二氧化碳气的瓶中，小白鼠挣扎一阵，很快就死了。可是今天，两只小白鼠在瓶中活蹦乱跳，显得挺自在、挺惬意的！

这一定是一种维持生命的物质！是一种新的气体。

普里斯特利显然被激动了，他立刻亲自试吸了一口这种气体，感到一种从未有过的轻快和舒畅。普里斯特利在实验记录中诙谐地写道：

"现在只有这两只老鼠和我，有享受这种气体的权利哩！"

"有谁能说这种气体将来不会变成时髦的奢侈品呢？不过，现在只有两只老鼠和我，才有享受这种气体的权利哩！"

这是普里斯特利一生中最重要的发现之一，他用的那种红色粉末是氧化汞，用透镜聚集的太阳光加热（不是燃烧），氧化汞被还原为汞，同时释放出氧气。这就是说，普里斯特利通过实验发现了氧。

可惜普里斯特利当时是化学界中的"燃素说"学派，这种学派认为物体燃烧是由于其中的燃素被释放出来的结果。当他看到这种新气体表现出能积极帮助木柴燃烧的特性，认为这必定是一种缺乏"燃素"而急切地希望从燃烧的木柴中获得燃素的气体，所以他给这种气体命名为"脱燃素空气"。

1774年10月，普里斯特利来到巴黎，会见了法国著名的化学家拉瓦锡，并且向拉瓦锡介绍了他新发现的"脱燃素空气"。拉瓦锡不相信这种解释，他重复了普里斯特利的实验，也获得了这种新气体，然而他认为这是一种能帮助燃烧的气体，1779年，拉瓦锡在推翻"燃素说"的同时，给这种被定名为"脱燃素空气"的气体重新定名为"氧"。水和空气中都含有大量的氧，氧是生命不可缺少的元素。

　　这就是氧气被发现和被认识的故事。氧气是这样的重要，可是它却是看不见摸不着的物质，所以发现氧和研究氧是件了不起的大事。不过，还应该说明的是，发现氧气的人，除了普里斯特利外，还有一位科学家舍勒，就是前面那篇《葡萄酒桶里的硬壳》中写到的，发现酒石酸的瑞典一位药店学徒出身的化学家。舍勒在1773年就发现了氧气，他根据氧气能帮助燃烧的性质，给新气体取名"火气"。可惜，他的研究著作《火与空气》在出版付印时，被拖延了3年，直到1777年才与读者见面，而这时普里斯特利的发现已为世人皆知了。所幸的是，科学界认为舍勒也是氧气的独立发现人之一。

　　人们一般公认发现氧的荣誉属于普里斯特利，1874年8月1日，在发现氧气100周年纪念日的那天，成千上万的人聚集在英国伯明翰城，为普里斯特利的铜像举行揭幕典礼；在普里斯特利的诞生地和墓碑前，也有许多科学家和群众前去参观、瞻仰；为纪念氧的发现，美国化学学会还选定在这一天正式成立。

（冯中平　严慧）

# 38　功劳归于几何学

## ——铍元素的发现

　　法国化学家富尔克鲁瓦曾经十分感慨地说："我们之所以能够发现铍，应该把大部分的功劳归于几何学。因为有了几何学，我们对铍才有所认识。可以这样说，假如没有几何学，恐怕再经过若干年代，也难以发现这种金属。"

铍是一种化学元素，它的发现为什么要归功于几何学呢？话题还得从距今 200 年前的一件事谈起。

18 世纪末，法国有一位著名矿物学家，名叫阿维。一次，阿维在研究祖母绿和绿柱石这两种矿物时，发现它们晶体的几何结构完全相同。于是，阿维断定，祖母绿和绿柱石其实是同一种矿物，因为根据当时已经知道的结晶学面角守恒定律：几何结构相同的晶体，它们的化学组成也相同。也就是说，每种晶体都有自己独特的结构，如同人的指纹一样。

当然，以上结论只是阿维推断出来的，确认这一点还必须有实验的依据。为了保证实验的准确无误，阿维决定请化学家来帮忙。他把祖母绿和绿柱石的标本，寄给法国著名矿物化学专家沃克兰，只请他给鉴定一下矿物的成分，其他什么也没说。阿维这么做，并不是不信任沃克兰，而是为了避免实验中受先入为主主观因素的影响。

沃克兰的分析结果很快就出来了，没错，祖母绿和绿柱石的化学组成确实是完全相同的，祖母绿实际上是绿柱石的一种。

阿维的推断得到了证实，但事情并没有到此为止。由于沃克兰的实验做得格外仔细，分析的项目也很多，在实验中他意外地发现：在绿柱石中，除了含已知的硅和氧化铝，还有一种新物质。

1798 年 2 月，沃克兰在法国科学院宣布了自己的这一发现。他给这种新元素取名"铍"，铍是"绿柱石"的意思，这自然因为铍首先是从绿柱石中得到的。不过，沃克兰虽然宣布了自己的发现，但并未真正将铍分离出来。铍是在 30 年以后，由德国化学家韦勒于 1827～1828 年间分离出来的。

这个应用几何原理发现化学元素的故事告诉我们：各门学科之间，是有着许多内在联系的，要提倡协作精神，互补长短，这在科学研究中，是一种十分重要的素质。

（冯中平）

# 39　令人烦恼的元素
## ——钽的发现

在希腊神话里，有这样一个故事：天神宙斯的一个儿子坦塔拉斯，因为泄漏了父亲的机密而受到惩处，被罚终日站在湖中。深深的湖水一直淹到他的脖子，然而当坦塔拉斯感到口渴，想要低头喝水时，湖水便退落下去了；他的身旁有一棵茂盛的果树，果子就长在他的头顶，但是当他饿了，想去摘果子吃时，那果树就上升了。结果，坦塔拉斯虽然站在水中，却口干如火；虽然有果树在身旁，却饥饿难熬。

有一种化学元素叫"钽"，就是用坦塔拉斯的名字来命名的。钽是一种银白色的金属，它最突出的特点是有极强的耐腐蚀性，任何强酸强碱它都不怕，甚至煮沸的王水对钽也无可奈何。钽置身于酸碱之中，却不受酸碱的影响，这不正好像坦塔拉斯站在水中，却喝不到水一样吗？

令人惊异的是，发现元素钽的竟是一个终生残疾的人，他叫厄克贝里，是瑞典化学家和矿物学家。厄克贝里幼年时，在一次重病之后，耳朵几乎聋了。后来，因为实验中发生爆炸，他又失去了一只眼睛。这对一个人是多大的打击啊！但厄克贝里并没有灰心丧气，放弃科学研究。就在他眼睛失明的第二年——1802 年，在分析斯堪的纳维亚半岛的一种矿物时，他发现了金属元素钽。

钽与另一种金属元素铌的性质非常相似，含钽的矿物中几乎都有铌，而含铌的矿石里也一定可以找到钽，它们简直像一对孪生兄弟，用一般的方法很难区分开来。因此，当厄克贝里宣称发现了钽时，许多人都不以为然，他们认为钽就是一年前发现的铌，根本不是什么新元素。显然，这是由于两种元素的性质太相像了。这件事使厄克贝里十分扫兴，他给新元素取名坦塔拉斯，是因为这个名字还有"令人烦恼"、"可望而不可及"的意思。

钽和铌究竟是不是同一种元素呢？很多人说是，甚至当时一些著名的化学家都这样认为，但也有人说不是，这个问题争论了整整40年！

钽，真是一种"令人烦恼"的元素！直到1844年，德国化学家罗泽对铌铁矿和钽铁矿做了大量的透彻的分析研究后，终于分离了钽和铌。这时，科学界才正式承认钽是一种新元素。

钽常用于制造外科手术刀具；因为不被人体排斥，还用做修复骨折时所需的金属板、螺钉和金属丝。

（冯中平）

# 40　黑石头的不平凡遭遇
## ——铌元素的发现

1801年的一天，在大英博物馆里，参观的人像往常一样，熙熙攘攘、川流不息。一位名叫哈切特的英国化学家，正站在一个不大的陈列柜前，出神地看着。那陈列柜的红色绒布上摆着一块黝黑发亮的石头。

"喂，哈切特先生！"

"啊，是馆长先生，您好！"

"什么东西如此吸引您啊？"馆长问。

"一块石头。请问，这是块什么石头？"

"嗯，不知道。它是别人捐送的，放在这里已经几十年了。"馆长说。

原来，这石头的主人是一个叫小温思罗普的人，他是 17 世纪中，美国康涅狄格州的第一任州长。小温思罗普喜欢研究化学和地质学，他有一个特别的爱好，就是搜集各种矿物标本。他常常只身走进深山用锤子敲敲打打，那些黑的、黄的、红的和闪亮的石头，就像巨大的磁石吸引着他。

一次，小温思罗普在哥伦比亚的泉边，看到一块乌黑发亮的石头。他觉得这块石头十分可爱，便带回家里收藏起来。

几十年过去了，小温思罗普去世后，那些珍贵的矿物标本便由他的孙子保存着。小孙子感到这块黑石头有些不一般，说不定是块宝物，便把它赠给了大英博物馆。

"既然您对它这样感兴趣，"馆长略略考虑了一下说："那就把它送给您，说不定能从中发现点什么呢！"

哈切特欣喜若狂，拿着石头便直奔自己的实验室。不久，哈切特在分析这块矿石时，果真发现了一种新元素。他给元素取名钶，是为纪念最早发现这石头的地方——美国的哥伦比亚的。1801 年 11 月 26 日，哈切特在英国皇家学会宣布了这一发现。

一块石头，在不同人的手中，命运竟是如此的不同。

然而，这新元素并没有立即被科学界所承认，原因是钶与另一种元素钽的性质太相像了，大家都误认为它们是同一种元素。直到 1844 年，德国化学家罗泽终于分离了钶和钽。这时，钶作为一种独立的元素才被承认。

钶和钽的性质是如此的相似，以至于分开它们竟耗费了化学家们40 多年的精力。由于这个缘故，罗泽决定给钶改名为"铌"。因为元素钽是以希腊神话中一位英雄坦塔拉斯来命名的，而坦塔拉斯的女儿叫尼奥勃，将钶改名为铌，象征着钽和铌的关系，就像父女一般亲密无间。

铌可以制造高温金属陶瓷，这种陶瓷可以用来制造高空火箭和喷气发动机。

（冯中平）

# 41  从气象学起步的理论
## ——原子学说的创立

在英国的坎伯兰郡，有一所教会学校。在其中的一间教室里，讲课的竟是一位刚刚 12 岁的小老师。而坐在下面的学生大都同小老师的年龄差不多，有的甚至还比他大些。大概是年龄相仿的缘故，学生们没怎么把他放在眼里，小老师讲课时，随时会有人打断他的话，并提出各种问题，而且许多问题明摆着是想难住他的。对此，小老师倒是一点儿也不生气，他认真耐心地解答学生的提问，遇到不会的便说："我回去查查书，过几天再告诉你。"

时间长了，小老师与学生的关系变得越来越亲密友好，刁难他的人也少了。同时，为了解答学生的各种问题，小老师看了大量的书，查阅了许多资料，久而久之，小老师对自然科学产生了浓厚的兴趣。

这位小老师叫道耳顿，后来成为著名的化学家、物理学家，创立了伟大的原子学说。

年轻时，道耳顿喜欢气象学，他自制了许多仪器进行气象观测，并坚持每天做气象记录，整整 57 年没有间断。后来尽管兴趣转向了化学，但他始终没有放弃气象学的研究，而且正是这一爱好，使道耳顿思路更为开阔，能用与其他化学家不同的方式去研究物质的结构，并最终创立了原子学说。

道耳顿是怎样把气象学与原子学说联系在一起的呢？是这样的，当时为了研究气象学的需要，必须了解空气的组成和性质。道耳顿像前辈科学家玻意耳、牛顿一样，假定气体都是由微小的颗粒所组成，在这个假定的基础上，他总结出"气体分压定律"；发现了空气在压缩时温度会升高；还证明空气中水蒸气的含量随温度升高而增大。这一连串的成功给道耳顿带来了喜悦，也促使他更深入地思考，他想："空气由微小颗粒组成"虽然只是一个假设，但由它所推演出的许多理论都被实验证明是对的，那么这不是正好说明了假设本身是正确的吗？

道耳顿进一步想："如果假设是正确的，它能适用于气体，是否也适用于其他的物质呢？"

恰好在不久前的 1799 年，法国化学家普鲁斯特宣布了物质组成的定比定律，定律说：由多种元素组成的化合物，各元素间的重量比是一定的，而且永远是整数。这个定律给了道耳顿很大启发，他认为物质中各元素间的整数比，正说明元素是由一个个独立的微粒——原子组成。道耳顿又花费了两年的时间进行实验，并取得大量的第一手数据。

1803 年，道耳顿提出了原子学说，其主要内容是：化学元素均由极微小的、不可再分的原子组成；所有的物质都是由这些原子以不同的方式相化合而成的。化学反应是原子重新结合的过程。

原子学说问世以后，很快被一个又一个的事实所证明，并成功地解释了许多现象，被公认为是化学的最基本理论，是科学史上一项划时代的成就。对于原子学说的创立，道耳顿曾不止一次地说过："它得益于我所熟悉的气象学。"

（冯中平）

# 42 顽皮花猫的相助
## ——碘的发现

19世纪初叶，法国的拿破仑发动了征讨欧洲的战争。战争需要大量火药，当时还没有发明安全炸药，人们就采取传统的方法，用硝酸钾（就是硝石）、硫磺和木炭制造火药。顿时，硝酸钾的供应紧张起来。为了解决战争的需要，很多人都积极地开办生产硝酸钾的工厂。有一位名叫库图瓦的法国化学家，跟随他的父亲在海边捞取海藻，然后从海藻灰中提取硝酸钾。

1811年的一天，库图瓦按照惯例，把海藻灰制成溶液，然后进行蒸发。溶液中的水量越来越少，白色的氯化钠（就是食盐）最先结晶出来。接着，硫酸钾（这是一种常用的肥料）也析出来了。下面，只要向剩余的海藻灰液里加入少量硫酸，把一些杂质析出来，就能得到比较纯的硝酸钾溶液了。

硫酸装在一个瓶子里，就放在装海藻灰液的盆旁边。谁知就在这时，一只花猫突然跑了过来，它的爪子碰倒了硫酸瓶。哎呀！瓶里的硫酸不偏不倚几乎全部流进了装海藻灰液的盆里。

库图瓦非常生气。要知道，加入海藻灰液里的硫酸必须是少量的。现在，这么多硫酸倒进去了，前边的那些工作算是白干了。他正想惩罚这只顽皮的花猫时，眼前突然出现了奇怪的景象：一缕缕紫色的蒸气从盆中冉冉升起，像云朵般美丽。库图瓦简直看呆了。他忽然想起，应该把这紫色的蒸气收集起来，便拿过一块玻璃放在蒸气上面。

库图瓦原以为会得到晶莹透亮的紫色液珠，就像水蒸气遇到冷的物体，会凝结成水珠一样。可是出乎意料，他得到的却是一种紫黑色的晶体，它们像金属那样闪闪发亮。

这是一种未知物。库图瓦仔细研究了这种未知物，发现这种未知物的许多性质不同寻常，如，它虽闪耀着金属般的光泽，却不是金属；虽是固体，却又很容易升华，即不经过液态而直接变为气态；它的纯蒸气是深蓝色的，紫色的蒸气是因为混有空气的缘故……1813年，经英国化学家戴维和法国化学家盖－吕萨克研究，证实库图瓦发现的是一种新元素，盖－吕萨克给它命名为"碘"。碘在希腊文中的意思是"紫色的"。

小猫，你可闯祸啰！

在19世纪后半叶，有一位年轻的医生，听说印第安人相信有某种盐沉淀物可以治疗甲状腺肿大，就取了一些样品送请法国的农业化学家布森戈进行分析，布森戈发现这种盐沉淀物中含有碘，便建议人们用含碘化合物治疗甲状腺肿大。不过，这个建议曾被冷落长达半个世纪，最后还是被医学界接受了。

1911年，在庆祝碘发现100周年时，人们在库图瓦的故乡竖起了一块丰碑，以纪念他在科学上的重要发现。

今天，人们更进一步认识到碘对于人体健康，特别是儿童的智力发展有着密切的相关联系，现在全国已广泛供应食用含碘盐。

(冯中平)

# 43　药检风波得出的结论

## ——镉的发现

　　施特罗迈尔是 19 世纪德国汉诺威省格廷根大学的化学教授，同时他还兼任汉诺威省药物总监的职务。

　　1817 年秋，施特罗迈尔奉命去希尔德斯海姆视察。一次，在一家药店里，他随手从架子上拿起一瓶药，药瓶的标签上写着"氧化锌"，可施特罗迈尔一眼就看出那不是氧化锌，而是碳酸锌，虽然这两种化学药品都是白色的粉末。他进而发现，这一带的药商几乎都是用碳酸锌来代替氧化锌配制一种用来治疗湿疹、癣等皮肤病的收敛消毒药。

　　这种做法无疑是违反《德国药典》规定的，作为药物总监的施特罗迈尔当然要干预过问。不过，施特罗迈尔也很奇怪，氧化锌通常是用加热碳酸锌来得到的，其制取方法非常简便。既然如此，那些药商们何苦要冒犯法的风险，用碳酸锌来代替氧化锌呢？

　　经过了解，施特罗迈尔才知道，药商们其实也是冤枉的。他们的药品都是从萨尔兹奇特化学制药厂买进的，货运来时就是这样，而且氧化锌和碳酸锌都是白色粉末，也确实不大好辨认。

　　于是，施特罗迈尔又追到萨尔兹奇特化学制药厂，至此真相大白。原来，萨尔兹奇特化学制药厂生产出的碳酸锌，在加热制取氧化锌时，不知为什么一加热就变成了黄色，继续加热又呈现橘红色。他们怕这种带色的氧化锌没人要，就用碳酸锌来冒充了。

　　身为药物总监而同时又是化学家的施特罗迈尔对这件事非常感兴趣，因为正常的碳酸锌在加热时，会生成白色的氧化锌和二氧化碳，而不会出现变色现象，现在总是出现变色现象，这其中必有缘故。于是施特罗迈尔取了一些碳酸锌样品，带回格廷根大学进行分析研究。

施特罗迈尔把碳酸锌样品溶于硫酸，通入硫化氢气体，得到了一种黄褐色的沉淀物，当时很多人都认为这黄褐色东西是含砷的雄黄。如果真是这样，萨尔兹奇特化学制药厂将要承担出售有毒药物的罪名，因为砷化物是有剧毒的。这可急坏了药厂的老板。但施特罗迈尔并没有简单地下此结论，他在继续分析这黄褐色的沉淀物。不久，施特罗迈尔排除了沉淀物中含砷的可能，并宣布从中发现了一种新元素，引起碳酸锌变色的正是它！这新元素的性质与锌十分相近，它们往往共生于一种矿物。新元素被命名为镉，由于镉在地表中的含量比锌少得多，而沸点又比锌低，冶炼锌时很容易挥发掉，所以它才长久地隐藏在锌矿中而未被发现。

至此，这场药检风波终于有了结论，萨尔兹奇特制药厂免除了出售有毒药物的罪名，而更重要的是：在这场风波中，由于施特罗迈尔没有简单地相信实验初期的结果，而是锲而不舍地继续研究、分析，因而发现了新的元素。

应该提到的是，还有德国人迈斯耐尔和卡尔斯顿，也都分别发现了镉。

镉主要用于电镀中，镀镉的物件对碱的防腐力很强；金属镉还可做颜料；镉还可以做电池原料，镉电池寿命长、质轻、容易保存。但是后来进一步的研究发现，镉也是对人体有剧毒的元素之一，镉盐进入人体后会慢慢积聚起来，破坏体内的钙，使受害者骨骼逐渐变形，严重的会使身长缩短，最后在剧痛中死亡。当然，这是后话了，含镉的化合物也是不能作为药物应用的。

（冯中平）

# 44  难忘的"错误之柜"

## ——溴的发现

1826 年的一天，德国化学家李比希在翻阅一本科学杂志时，被一篇题为《海藻中的新元素》的论文吸引住了。

论文的作者是一个陌生的名字，叫巴拉尔，23 岁，法国人。文中写道：他在用海藻液做提取碘的实验时，发现在析出的碘的海藻液中，沉积着一层暗红色的液体。经过研究，它是一种新元素，这元素有一股刺鼻的臭味，所以给它取名溴……

李比希一连看了几遍，突然快步走向药品柜，从架子上找到一个贴有"氯化碘"标签的瓶子。李比希擦去瓶子上的灰尘，摇了摇里边装着的暗红色液体，又打开瓶盖用鼻子嗅，啊，果然有一股冲人的臭味……

原来，几年前，李比希在做制取碘的实验时，按步骤向海藻液中通入氯气，以便置换出其中的碘来。他在得到紫色的碘时，还看到了沉在碘下面的暗红色液体。当时，李比希并没有多想，他甚至主观地认为：既然这暗红色液体是通入氯气后生成的，那么它一定是氯化碘了。他在装着这种暗红色液体的瓶子外边贴了一张"氯化碘"的标签，就将它搁置在一旁了。

此刻，李比希感到懊悔不已。假如当时自己稍微认真一点，那溴的发现就该属于自己、属于德国！然而，机会全叫自己错过了……李比希深深地谴责着自己。为了汲取这次教训，他把那只贴着"氯化碘"标签的瓶子，小心地放进一个柜子里。这个柜子，李比希给它取名叫"错误之柜"，里边集中了他在工作中的失败和教训。李比希时常打开这"错误之柜"看看，用来警戒自己。

后来，李比希取得了许多成就，成为德国著名的化学家。他在自传中曾专门谈到这件事，他写道："从那以后，除非有非常可靠的实验做根据，我再也不凭空地制造理论了。"

巴拉尔的论文发表后，引起震动的还有另一位德国化学家，他叫洛威。洛威得到暗红色液体也在巴拉尔之前，可惜，他也没有做进一步地研究，也错过了发现的机会。

再也不凭空制造理论了

溴的发现告诉我们，科学是不讲情面的，成功只属于那些对新事物充满敏感，而在工作中又踏踏实实、锲而不舍的人。

溴是一种有窒息性恶臭的气体，有毒。它被用来制作溴化物、氢溴酸以及某些有镇静功能的药剂和染料等。

（冯中平）

# 45　敲开凡娜迪斯女神之门

## ——钒的发现

1831 年初春的一天，德国化学家维勒坐在窗前，正凝神阅读老师瑞典化学家贝采利乌斯的来信。此刻，他被信中关于凡娜迪斯女神的故事深深吸引了。故事是这样写的——

很久以前，在北方一个极遥远的地方，住着一位美丽而可爱的女神凡娜迪斯。女神过着清静的日子，十分逍遥自在。

一天，突然有位客人来敲她的房门。凡娜迪斯因为身体疲乏，懒得去开门。她想："让他再敲一会儿吧！"谁知，那人没有再敲，转身走了。

女神没有再听到敲门声，便好奇地走到窗口去看，"啊，原来是维勒！"凡娜迪斯有些失望地看看已经离去的维勒。"不过，让他空跑一趟也是应该的。谁叫他那样没有耐性呢？瞧，他从窗口走过的时候，连头都没有回一下。"说着，女神便离开了窗口。

过了不久，又有人来敲门了。他热情地敲了许久，孤傲的女神不得不起身为他开门了。这位年轻的客人名叫塞夫斯特穆，他终于见到了美丽的凡娜迪斯女神……

看完了这个故事，维勒的心久久不能平静。因为他明白，老师信中所讲的并不是一个普通的神话故事，而是针对着自己说的一个科学发现的事实。

故事里的凡娜迪斯，是一种刚刚发现不久的化学元素——钒的名称。一年前，维勒在分析一种墨西哥出产的铅矿时，已经发现了钒。由于钒是一种稀有元素，提纯起来很困难，加上当时维勒身体状况也不大好，提纯钒的工作便停顿了下来。

就在这时候，一位叫塞夫斯特穆的瑞典化学家在冶炼铁矿时也发现了钒，并且克服了许多困难，提纯出钒的化合物。塞夫斯特穆用瑞典神话中一位女神的名字凡娜迪斯，给新元素取名钒。

两位科学家都曾敲响过新元素的大门，一个成功了，一个却半途而废了，他们所差的只是一种锲而不舍的精神。为了使维勒汲取这次教训，贝采利乌斯特意为他编写了这个美丽动人而又含意深刻的故事。

维勒十分感激老师的启发和教诲，在以后的研究工作中，更勤勉、更仔细了，并取得了许多伟大的成就。

贝采利乌斯是瑞典杰出的化学家，他23岁时就在斯德哥尔摩医学院担任副教授，主讲医学、植物学及药物学。贝采利乌斯不但课讲得好，而且非常注重实验，发现了硒、硅、钍、铈和锆五种元素。他的名声遍及欧洲各国，许多爱好化学的年轻人，都不远千里来到斯德哥尔摩，像穆斯林朝拜圣地麦加一样，求教于他的门下。维勒和塞夫斯特穆都曾经是他的学生。

在发现元素钒的过程中，贝采利乌斯不仅热情告诫维勒，也积极帮助塞夫斯特穆。钒的提纯工作，就是在贝采利乌斯的实验室里完成的。可以说，钒的发现是塞夫斯特穆和他的老师共同努力的结果。但是，在提交给科学院的论文上，贝采利乌斯只写了塞夫斯特穆一个人的名字，他说："我要让他独享发现的荣誉。"

钒主要用于制造合金钢，提高钢的强度和耐久性；钒的化合物还可用于制造彩色玻璃和陶瓷等。

（冯中平）

# 46　狱中进行的实验

## ——硫化橡胶的发现

1839年冬季，一个寒冷的夜晚，在美国康涅狄格州债务人监狱里，一名正在服刑的犯人坐在火炉旁，他一边烤火取暖，一边用手揉搓着一团胶泥般的东西。

这名犯人叫古德伊尔，他随父亲一起做五金生意时，不慎破了产，因无力偿还债务，代父亲进了监狱。古德伊尔的父亲虽不善于经营，却是个业余发明家，他制作的几种新式农具，很受人们欢迎。在父亲的熏陶下，古德伊尔从小就喜欢动脑筋、搞发明，即使在服刑时，他也不肯放弃自己的爱好。

古德伊尔手中揉搓的那团胶泥，是橡胶与硫的混合物，他正在做改良橡胶性能的实验。5 年前，人们发现橡胶汁具有良好的防水性能，很想利用它做点什么。但遗憾的是，这种天然橡胶遇冷硬得像皮板，遇热则变得又软又黏，许多人都在设法改进它的性能。古德伊尔对此也很感兴趣，几年来他一直在研究这个问题，入狱后也没忘记继续做实验。

古德伊尔听说用硫处理过的橡胶不发黏，自己也想试试。他按各种不同的配比进行实验，效果都不明显。一天，夜已经深了，古德伊尔的胳膊和手指又酸又痛，困乏也阵阵袭来……哎呀，不好！手中的橡胶团不知怎么掉在了火热的炉盖上，古德伊尔赶快用手抓起了橡胶团，并走到远离火炉的地方。这时古德伊尔惊讶地发现，刚才粘在炉盖上的那块橡胶变得十分柔软，尽管已经不热了，却一点儿也不像平常那样，遇冷就硬邦邦的；而没有被火烤过的地方依旧很硬。

"太棒了！看来，加热也许能改善橡胶的黏性和易受冷热影响的问题。"古德伊尔刚才的疲劳一扫而光，他兴致勃勃地继续做起实验来。果然，烤过的加硫橡胶增强了弹性，即使在高温下也不再又软又黏。

古德伊尔进班房，只是因为父

"太棒了！烤过的橡胶改善了性质。"

亲欠下了债务，所以不久他就被释放了。出狱后，为了寻求最理想的加热温度和时间，古德伊尔又进行了许多次实验。1844年，他终于制成了一种新型的橡胶——伏尔甘硫化橡胶，并获得了专利。"伏尔甘"是古代罗马的火神，正是火给古德伊尔带来了这个重大的发现，从而导致了重大的发明。

但是，古德伊尔的专利屡遭侵犯，在英国和法国，因为一些技术和法律上的问题，他丧失了专利权；在美国，他的专利权也未得到保护。尽管古德伊尔的发明给别人带来了巨额利润，他却因负债于1855年在巴黎再度入狱。1860年，他在贫困中去世。有人估计，他死时负债仍达20万美元。

半个世纪后，人们把一种汽车轮胎命名为古德伊尔，以示对他的纪念，因为这种汽车轮胎是用他发明的伏尔甘橡胶制造的。

（冯中平）

# 47  熟悉的"霹雳"气味
## ——臭氧的发现

1840年的一天，德国化学家舍恩拜因走进自己的实验室，准备开始工作。这时，他忽然闻到一股气味。啊，多么熟悉的气味！舍恩拜因立刻被带进了童年的回忆。

那时候，舍恩拜因还是一个勇敢而又顽皮的孩子。一次，他在离家挺远的野地里，同几个小伙伴玩捉迷藏。他们正玩得高兴，突然天气骤变，翻滚的黑云压了上来，天空闪过几道亮光，跟着雷声大作，"轰隆隆、轰隆隆"，怪吓人的。直到暴雨如瓢泼般倾泻下来时，惊恐的孩子

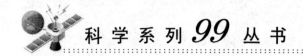

们才明白过来，他们赶紧跑到附近的一个草棚去躲雨。

雷声越来越响，闪电像银蛇般在空中舞动，忽然，"轰"的一声巨响，远处一座高大的教堂被雷电击倒了。孩子们忘记了害怕，他们冲出草棚，拔腿朝教堂跑去。

教堂里烟雾弥漫，到处是瓦砾和砖块，空气中还有一股刺鼻的臭味。大人们都惶恐地说："啊！这是魔鬼进到教堂里了。"

可是，舍恩拜因却不相信，因为他早就注意到，每次雷鸣电闪之后，都能闻到这种味儿。舍恩拜因还给它取了个名字，叫"霹雳的气味"。只是，今天教堂里的气味，比平时闻到的要浓烈得多。

时间虽然已经过去 28 年了，可那种特殊的气味舍恩拜因却忘不掉。今天，他刚进实验室，就又闻到了"霹雳的气味"。出于童年时代的好奇心和一个化学家的敏感，舍恩拜因感到必须尽快搞清这气味的来龙去脉。

毫无疑问，产生这气味的物质肯定就在实验室里。舍恩拜因赶紧关闭了门窗，开始一处一处地搜寻起来。很快他便发现，那"霹雳的气味"是从电解水的水槽中散发出来的。舍恩拜因想：水是由氢、氧两种元素组成的，电解水时，会产生氢气和氧气。可是氢气和氧气是没有气味的，现在却出现一种奇怪的气味，那么，难道电解水时，同时还生成了其他的物质吗？一定要搞清楚。

舍恩拜因开始了研究，在经过反复实验后，果然收集到一种新气体。这种气体的分子是由 3 个氧原子组成的，比普通氧气分子多 1 个氧原子。因为它有一种特殊的臭味，舍恩拜因叫它"臭氧"。

打雷闪电时，空气中的氧气受到放电的作用以后，有一部分转变为臭氧；电解水时，阳极上生成的氧气，受到电流的作用，也有一部分转变为臭氧，这就是舍恩拜因闻到的"霹雳的气味"。少量的臭氧能使空气清爽，雷雨之后空气格外新鲜，就是这个道理。

臭氧还是一种氧化剂，有强烈的杀菌作用，常用来消毒饮用水和净化空气。臭氧还存在于地球的上空，能吸收太阳辐射的短波射线，保护地球上的生命不受危害。

（冯中平）

# 48　梦中的完美组合
## ——苯分子结构的发现

1865 年 3 月的一天，已是傍晚时分，伦敦的街头依然车水马龙、喧闹无比。这时，有位学者模样的人，匆匆走到一辆出租马车前。

"先生，您去哪儿？"车夫问。

"克来宾路。"说着，他便跳上马车。

这位租车的人名叫凯库勒，是德国化学家。7 年前，他提出了有机化合物中碳原子为 4 价的理论，并指出碳原子能相互结合，形成很长很复杂的链。这是一个十分重要的理论，它为有机化学的研究奠定了基础。

目前，凯库勒住在伦敦，又在研究一个新问题，即苯的分子结构。苯是一种有机溶剂，是英国物理学家和化学家法拉第在 40 年前发现的。40 年来，经过许多科学家的努力，已搞清苯是由 6 个碳原子和 6 个氢原子组成的。可是，这 6 个碳原子和 6 个氢原子到底是怎么联结在一起的，却成了一个大难题。因为，碳和氢的化合价分别为 4 价和 1 价，既要让它们联结在一起，又要满足各自的化合价，这可不是一件容易的事情，过去的链状理论在这里怎么也行不通。凯库勒为此已经花费了好几个月的时间，至今却一无所获。

凯库勒坐在马车上，开始还在思索着那恼人的难题，可是疲劳很快便向他袭来，摇摇晃晃的马车使他沉沉入睡了。

凯库勒做了一个梦，梦中苯的 6 个碳原子和 6 个氢原子联结在一起，像条蛇似的在他眼前舞动。突然，蛇头咬住了尾巴，变成一个环继续舞动着……

"先生，克来宾路到了！"马车停住了，车夫大声对他喊。

回到寓所，凯库勒的睡意全没了。他坐在沙发上，努力回想着刚才梦中那条首尾相联的蛇。

"啊，苯的分子也许就是这样首尾相联的呢！"

凯库勒迅速走到桌前，用笔勾画出一个环状结构的苯分子。不错，既是 6 对碳氢原子相联，又都满足了各自的化合价，这就是苯分子的结构图！凯库勒苦苦思索了几个月的问题，终于有了答案。

当然，凯库勒的这个梦不是上天赐予，也绝不是偶然所得。俗话说，日有所思，夜有所梦。正是由于他经过长期的思考，已经接近解决问题的边缘，而睡梦中潜意识又发挥了作用，才取得突破性的进展。所以，凯库勒的成功，仍然来自他那勤奋的探索精神。

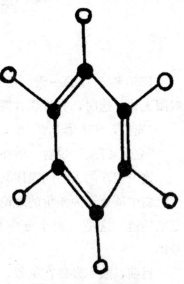

**苯分子结构示意图**
●表示碳原子 ○表示氢原子

另外，凯库勒的成功还与他的业余爱好分不开。凯库勒从小就喜欢建筑绘画，家里也希望他成为一名建筑师，所以 1847 年他在报考吉森大学时，就选择了建筑专业。只是一年后，凯库勒的兴趣转向了化学，才放弃了建筑学。以后他在研究有机化学结构时，很自然地运用了建筑学的一些原理，因而才能取得比别人更大的成就。苯分子的结构，不就是碳原子与氢原子完美的艺术组合吗？

解决苯分子的结构，是化学史上的一件大事。因为它才真正阐明了苯的闭合结构形式，可以较为完善地解释苯的特殊化学性质。1890 年 3

月 11 日，即提出苯分子结构式的 25 周年纪念日，世界各国的许多化学家，在柏林联合举行了一个盛大而热烈的庆祝会，以纪念凯库勒的功绩。

苯广泛用来制造合成塑料、合成纤维、合成橡胶、农药、医药、染料和香料等，它还是工业上重要的溶剂。

（冯中平）

# 49　药剂漏光以后
## ——硅藻土吸附硝化甘油的发现

瑞典化学家诺贝尔在研制炸药时，因为时常发生意外爆炸，遭到街坊邻居们的反对，只好搬到湖中心的一条驳船上做实验。

1866 年，有一次，诺贝尔到船舱里取储存在桶里的硝化甘油——一种爆炸力极强的液体炸药。不料，大概因为放的时间长了点，硝化甘油全都从桶底的裂缝中跑光了。

这对当时经费十分困难的诺贝尔来说，真是件倒霉透顶的事！诺贝尔沮丧极了，他无奈地搬开已经漏空的空药剂桶，想看看漏出去的硝化甘油都流到哪儿去了。

在桶的下面，垛着一只用硅藻土烧制的容器。诺贝尔刚弯下身子，就闻到一股强烈的硝化甘油气味儿。啊，原来漏掉的硝化甘油都一点一点地给硅藻土吸收了，而容器看上去还是老样子。诺贝尔用手轻轻地挪动那已经吸满了易爆炸的硝化甘油的容器，也一点儿没事。

看到这一切，诺贝尔高兴得简直要大叫起来！因为用液体硝化甘油做炸药，很难控制，稍稍遇到震动或高温极易爆炸，运输起来很不方便。诺贝尔一直在考虑研制一种比较安全的固体炸药，可是还没有找到如何把液体硝化甘油变成固体的好办法。眼前这只吸足了硝化甘油却没有变形的硅藻土容器，使他豁然开朗。他将硝化甘油与硅藻土按不同的比例混合实验，发现如果没有引爆雷管，硝化甘油就不会爆炸，硅藻土使硝化甘油如同调皮的孩子受到了管束，变得驯服多了；而吸足了硝化甘油的硅藻土，爆炸威力不减。

啊，漏出去的硝化甘油都被硅藻土吸收了

经过反复试验，诺贝尔找到了一个硝化甘油与硅藻土的最佳配方。不久，一种不怕震动和高温、售价低廉、使用方便的固体炸药诞生了，诺贝尔给它取名"甘油炸药"。

谁能想到，这新炸药起初竟孕育在桶底的一条裂缝之中呢！

看似偶然的成功，实际上多是科学家孕育已久的想法，只不过一时没有找到突破口罢了。只要锲而不舍，不是这件事就是那件事，都会有可能带来启示，成为解决问题之锁的钥匙。

（冯中平）

# 50  为元素构筑大厦
## ——元素周期律的发现

1867 年，俄国彼得堡大学聘请年轻的化学家门捷列夫担任化学教授。

当时，人们发现的化学元素已有 63 种之多，只是这些元素都杂乱无章地随意排列在教科书中，门捷列夫实在不愿用这样的课本来敷衍学生。他深信这些元素之间一定有一种内在的规律，他要给它们科学地排出一个队伍来。

其实这项工作许多前辈科学家已经做过，虽然没有成功，却积累下不少经验与教训。门捷列夫在他们研究的基础上，决定从元素原子量人手进行工作。他把当时已经发现的 63 种元素的名称、性质等写在一张张卡片上，再按原子量由小到大的顺序把卡片排列起来。这时，各种元素的性质已显现出初步的变化规律了，只是还不理想，因为有几种元素显然破坏了这种规律性。门捷列夫试着调换了它们的位置，原来队伍又变得整齐了；可是原子量又不对了。会不会是以前有些元素的原子量测错了？门捷列夫怀着紧张激动的心情对这些元素重新进行了测定，他惊喜地发现，自己的猜测完全正确！

这一成功更坚定了门捷列夫的信心。以后遇到排不下去的情况时，他便留出空位，并大胆地预言这是未发现的新元素。根据空位上下左右元素的性质，门捷列夫甚至推测出这些新元素的许多性质和特征。在短短的几十年中，这些预测都一一获得了验证。

经过两年多的努力，散乱的化学元素在"建筑师"门捷列夫的手中，终于变成了一座完美的"元素大厦"。所有的元素在这座大厦里都有自己的房间，无论横排还是竖排，它们的性质都呈现出极有规律的变化，这时是 1869 年。

门捷列夫正在排元素周期表

元素周期律的发现是化学发展史上的一个重要里程碑。它反映了元素的性质随着元素原子量的增加而呈周期性的变化。门捷列夫本人就曾运用元素周期律预言了当时尚未发现的六种元素（钪、镓、锗、铪、铼、钋）的存在和性质。此后，元素周期律在人们对元素和化合物性质的系统研究中起着指导作用。至今，元素周期律仍然是研究化学、生物、物理和地质学等科学的重要工具。

1955 年，化学家发现了第 101 号新元素，为了纪念门捷列夫，科学家将 101 号元素命名为钔。

（冯中平）

# 51  躲在苯的后面

## ——噻吩的发现

1883 年的一天早晨，德国化学家迈尔走进自己的实验室，开始了紧张的工作。

不久前，他合成了一种新物质，今天他要完成的实验，是鉴定这种新物质的性质。迈尔从架子上取出一瓶显色剂苯，并滴了几滴在新物质的溶液里。

按照常规，滴入苯后，溶液是会立即变色的，这个实验迈尔已经反复做过多次了。可是这一回，不知为什么，溶液没有发生变化。

"是不是苯滴少了？"

迈尔一边想着，一边又滴入几滴苯。奇怪，溶液还是没有变化。

这是怎么回事？迈尔看着手中的那瓶显色剂苯，沉思起来，似乎突然意识到什么，他大声喊来自己的几位助手，告诉了他们这一切。

迈尔要求助手们先停下各自手中的工作，一起来分析这个问题。

经过几昼夜的努力，问题终于弄清楚了！原来，实验室以前用的苯都是从石油中提取的，含有杂质；而这次实验用的苯是用苯甲酸直接制取的，很纯净，没有来自石油中的那种杂质。

这么说，能让溶液变色的东西，其实根本不是苯，而是来自石油中的杂质——一种新物质，以前所有滴苯变色的实验其实都不是苯的作用！

真是闹了个大误会！

不过，迈尔和他的助手们却很高兴，因为多亏了这次实验，他们才发现了混在苯中的新物质。这是一种含硫的杂环化合物，这种杂环化合物的许多性质与苯十分相似，难怪老是躲在苯里而没被发现，迈尔给它取名为噻吩。噻吩的性质比苯更活泼，所以能与一些物质起变色反应，它在许多场合可代替苯，目前多用于制作染料和塑料，也可以做溶剂。

（冯中平）

# 52    不愿只看鸟飞翔
## ——氟的发现

马克思有一句名言："在科学的入口处，正像在地狱的入口处一样，必须提出这样的要求：'这里必须根绝一切犹豫；这里任何怯懦都无济于事。'"

的确，科学的发展不仅要同腐朽事物、传统观念、宗教势力做斗争，而且科学研究本身，也往往需要付出高昂的代价，甚至流血和牺牲。元素氟的发现，就是一部科学家献身的历史。

氟是地球上所有元素中最活泼好动的，它能与几乎所有的物质化合，许多金属，甚至黄金都能在氟气中燃烧！氟若是遇到氢气，会立刻发生猛烈爆炸生成氟化氢。氟与氟化氢都是剧毒气体，因此要制取氟，是一件十分困难和危险的工作。

其实，关于氟的存在，人们很早就知道了，因为氟很活泼，处处可见它的踪迹。与氟打过交道的科学家也不少，然而就是捉不住它。

英国化学家戴维、法国化学家盖-吕萨克和泰纳尔都曾致力于分离氟的工作，但他们在吸入少量氟化氢气体后，都感受到很大的痛苦，只好放弃了研究。

英国皇家科学院院士诺克斯兄弟俩在分离氟时，一个中毒死亡，另一个休养了 3 年才恢复健康。

比利时科学家鲁耶特和法国科学家尼克雷，都因为长期从事分离氟的实验，被氟夺去了宝贵的生命……

制取氟实在是太困难、太危险了！

然而，在这条艰难的道路上，一些不怕危险的人仍在勇敢地摸索前进。年轻的法国科学家穆瓦桑就是其中的一位。

穆瓦桑在仔细研究了前辈们的实验后，认为：用电解氢氟酸的办法来制取氟是不妥的，因为氢氟酸很稳定，难以分解，应当改用其他物质做实验。可是，穆瓦桑换了好几种化合物，都失败了。实验中，他还多次中毒，险些送了性命。不过这一切都没有动摇穆瓦桑制取氟的决心。

1886年6月26日，穆瓦桑将氟化钾溶解在无水氢氟酸中，进行电解，在电解槽的阳极上，终于得到了纯净的氟气。

他成功了！穆瓦桑的成功在科学界引起了轰动，因为许多化学家为之奋斗了70多年，现在几代化学家的愿望终于实现了！穆瓦桑为此获1906年诺贝尔化学奖。直到今天，工业上制取氟基本上还是采用穆瓦桑的方法。

氟的制取成功告诉我们，科学的道路是崎岖不平的，只有那些不畏艰险的人，才有希望攀上顶峰。飞机的发明人威尔伯·莱特讲得好：

电解氟化钾溶液，终于得到纯净的氟

"如果你想绝对安全，那就坐在墙头上看鸟飞好了。"

的确，如果没有一些科学勇士们，我们只能永远看鸟飞了还谈什么飞机、火箭、航天器？谈什么探索宇宙的奥秘呢？

在非金属元素中，氟最活泼，因此被大量用来氟化有机化合物。例如，用氟代替氯，可制得氟里昂-12，它是一种制冷剂，冰箱中曾都用它制冷，但由于它能破坏臭氧层，目前已被其他制冷剂取代；聚四氟乙烯还是"塑料王"，耐腐蚀、耐高温、耐低温。有趣的是，氟和氟化物都有毒性，但在饮水中加入微量无机氟化物，却可防治龋齿；加入微量氟化物的牙膏，也是一种防治牙病的药物牙膏。

（冯中平）

# 53  不必忍受刺耳的声音
## ——铁蓝染料的发现

一百多年前，德国的化学工业居世界前列，但是在染料的制造上，却不及英国。为此，德国化学家李比希决定去英国进行考察。

在英国一家生产普鲁士蓝的工厂里，一口口巨大的铁锅架在火上，里边的原料沸腾着，又热又熏人。可是，工人们却不顾这些，拿着大铁铲在锅里使劲地搅动，铁铲与铁锅的剧烈摩擦声异常刺耳。李比希感到有点受不了，便对一位师傅说："干嘛要这样用力搅呢？"

"知道吗，诀窍就在这里，搅得越厉害，染料的质量就越好。"说着，那位师傅又使劲地搅动起来。

起初，李比希感到好笑。可是转而一想，这家工厂生产的染料的确是全欧洲最好的，其中必有缘故，也许奥秘真的在这刺耳的响声里呢。

回到住所后，李比希又仔细地回想着白天的情景，他想：

"用力搅动铁锅，会使溶液更均匀，反应更完全。这是毋庸置疑的。不过，用力搅动时，刺耳的声音说明铁铲与铁锅在相互摩擦，摩擦时会怎么样？会磨下铁粉的。对！问题的关键恐怕就在这里。"

第二天一早，李比希便匆匆赶回柏林自己的实验室里。他在染料溶液中加进一些含铁的化合物，反应立刻变得剧烈起来，得到的染料颜色也十分纯正，一点不亚于英国生产的染料。

"奥秘原来在这里！"李比希开心极了。

106

其实，这里的道理也很简单。普鲁士蓝又称铁蓝，它的主要成分是亚铁氰化钾。加入铁和铁的化合物后，当然有助于染料的生成了。

李比希在人们习以为常的现象里，能够从另一个角度想问题，因而发现了问题的关键。很快，德国也生产出了高质量的染料，而且在生产时无须用力搅动，工人也不用再忍受那刺耳的响声了。

（冯中平）

# 54　氮气为何重量不同

## ——氩的发现

1892年9月，在英国的著名科学期刊《自然》杂志上，刊登着这样一封读者来信：

"不久前，我制取了两份氮气，一份来自空气，一份来自含氮的化合物。奇怪的是，它们的密度值却不相同，大约每升相差千分之五克。空气中的氮重些，虽经多次测定，仍消除不了这个差值。如果读者中有谁能指出其中的原因，我将十分感谢。"

写信的人名叫瑞利，是英国物理学家和化学家，英国剑桥大学卡文迪什实验室的主任。近十几年来，他一直在从事各种气体密度的精确测定，也就是，测量出它们在不同温度下，质量与体积的比值。实验本来进展得很顺利，可是不久前，当瑞利对氮气的密度进行测定时，却出了件怪事。情况是这样的：为了提高实验的准确度，他制取了两份氮气，一份是从空气中直接得到的，另一份是通过分解氮的化合物——氨制取的。瑞利想，假如用两份氮气测出的密度值相同，就说明自己的实验准确无误，在测定其他气体的密度时他也是这么做的。谁知结果出乎意料，取自空气的那份氮气，每升重 1.256 克；而分解氨得到的氮气，每升是 1.251 克，它们在小数点后第 3 位数字上出现了差异。

瑞利反复检查自己的仪器，把实验重复了一遍又一遍，还改用其他的含氮化合物制取氮气……结果依然如前。瑞利无法解释这个现象，于是写了前面那封信，以寻求帮助。

可是，信刊出后，却如石沉大海。不过瑞利并没有因此放弃自己的研究，他又花了两年的时间和精力，继续测定氮气的密度。最后终于得出结论：凡是从化合物分解出的氮气，总比从空气中分离出的氮气轻那么一小点儿。他就此又写了一份科学报告，并于 1894 年 4 月 19 日在英国皇家学会上宣读。

这次不错，立即便有了回音。伦敦大学的拉姆齐教授找到他，对瑞利说："两年前，我就在《自然》杂志上看到了您的信，不过当时我弄不清楚是怎么回事。这次听了您宣读的论文报告后，我突然想到是不是可以做这样的推测，从空气中得到的氮气里，含有一种较重的杂质，它可能是一种未知的气体。如果您不反对的话，我想接着您的实验继续研究。"

拉姆齐的话使瑞利感到茅塞顿开，并欣然同意与拉姆齐共同研究这一课题。在会上，英国皇家研究院的化学教授杜瓦也向瑞利提供了一条重要线索。他建议瑞利查阅一下卡文迪什实验室的资料档案，据杜瓦所知，实验室的创始人、著名科学家卡文迪什也曾做过类似实验。

这两件事真让瑞利高兴，现在他和拉姆齐决心共同解开这个氮气重量之谜。

经过 4 个月的努力，1894 年 8 月，他们终于弄清楚，那从空气中提取的氮气之所以比重稍稍大一点，是因为其中含有密度比氮稍大的新发现的气体，它就是惰性元素氩。

英国物理学家汤姆孙有句名言："一切科学上的重大发现，几乎完全来自精确的量度。"的确，如果没有瑞利和拉姆齐起初对两份氮气微小重量差别的注意和研究，怎么会有后来的重大发现呢？

氩是一种化学性质非常不活泼的惰性气体，常用来填充在电灯泡和日光灯管中，以延长其使用寿命。在航空、原子能和火箭工业中所使用的铝、镁、铍、锆、钛、钨以及高强度合金钢的焊接、切割和冶炼，常须在氩气的保护下进行。

（冯中平）

# 55　餐桌上的小玩笑
## ——同位素示踪法的发现

晚餐端上来了，有炸土豆、洋白菜，还有炒肉丝。房东太太满脸堆笑地站在桌前，客人们也都手拿刀叉准备就餐了。但是，有一位房客却不着急吃饭，他拿出一个小方盒子摆弄着。当他把这盒子靠近炒肉丝的盘子时，盒子里发出了"滴嗒、滴嗒"的响声。

"对不起，房东太太！"

这位奇怪的房客抬起头来，一字一句地说："您这肉丝是用昨天吃剩的肉炒的。"

"天啊，他怎么会知道得这样清楚？"房东太太惊讶地张着嘴……

这房客叫赫维西，是一位德国化学家。他拿的那只小方盒子叫盖革计数器，这仪器能接收放射线，并发出报警的响声。几天来，赫维西一直怀疑房东太太炒菜时，放进了头一天客人们吃剩的肉。为了证实这一点，昨天他在自己吃剩的肉片上滴了几滴含少量放射性同位素的溶液。今天餐桌上的这个小实验，果然证实了他的猜测。当然，这只是赫维西对房东太太开了一个小小的玩笑。

什么是放射性同位素？它是怎样发现的？有什么用处呢？

"对不起，房东太太！您这肉丝是
用昨天吃剩的肉炒的。"

　　我们知道，物质是由原子组成的，原子又是由质子、中子和电子组
成的。同种元素的原子核具有相等的质子数，但中子数不一定相等。这
种质子数相同而中子数不同的元素就叫同位素。目前我们知道的化学元
素只有 100 多种，但它们的同位素却有 2000 多种，几乎每一种元素都
有几个、甚至几十个同位素。在这些同位素中，有些性质很稳定，叫稳
定同位素；但大部分不稳定，它们的原子核会自动地放出射线，这种元
素就是放射性同位素。

　　赫维西发现，放射性同位素除具有放射性外，其他性质与普通元素
完全相同。他想利用这一点，让放射性同位素深入到物质的内部，做人
的侦探员，随时向人们报告它在物质内部运行的情况。

　　当时人们很想了解铅盐在水中的溶解度，但是铅盐在水中的溶解度
非常小，用一般常用的方法很难测准确。赫维西想到，在铅盐中混合进
放射性同位素铅，它形成的铅盐和普通的铅盐在化学性质上是一样的，
但是有放射性同位素铅的铅盐会随时放出放射线，报告它的存在，哪怕

只有一丁点儿，用盖革计数器就可以检测到，而且可以知道含量的大小。1918年，赫维西用这种方法，检测出放射性铅在水中的溶解度。

赫维西又想到，铅在植物这种有生命的物体中是怎么被吸收和分布的呢？1923年，他用含放射性同位素铅的溶液浇灌植物，从植物体内含的放射性同位素铅发出的射线，通过盖革计数器检测出铅在植物中被吸收和分布的情况。赫维西认为，用这种方法，可以跟踪观察某一种放射性元素在一个生命体内运行的踪迹。于是，赫维西将放射性同位素磷以生理磷酸钠溶液的形式注入动物和人体内，定时抽取血样进行测试，跟踪检查到磷在动物和人体内参与的重要生命活动。

这种利用放射性同位素的检测方法，叫做"示踪技术"，这是一种现代的科学检测技术。人们认为：赫维西的检测方法，"如果应用于生理化学，可使生理化学发生一场革命；如果应用于有机化学来阐明化学反应过程，其意义怎么估计也不会过高的"。

1943年，赫维西因"同位素示踪法"获诺贝尔化学奖，1959年又获和平利用原子能奖。示踪技术现已被广泛应用于医学、地质化学、生物学等各个方面，它的意义可与显微镜的发明媲美。

（冯中平 严慧）

# 56 看到了宇宙的奥秘

## ——太阳中心说的证实

在人类的童年，总是将遥远的星星想象得十分美丽壮观，认为上帝（天帝或真主）就住在那崇高而又圣洁的星空里，人们把那样的地方叫做"天堂"。

是谁第一个看到了星星的"面容",发现了它们的秘密呢?是伽利略,一位意大利的物理学家和天文学家,他诞生于 1564 年。

1609 年,荷兰一位名叫汉斯的眼镜店老板,发明了望远镜。他做了一架很大的望远镜送给荷兰的皇帝,好侦察远处敌人的活动。还有一些人,就用望远镜去看风景,看戏剧,或者偷看别人家阳台上、房间里发生的事情,望远镜一时成为时髦的消遣品和娱乐品。

望远镜发明的消息,传到了意大利比萨大学伽利略教授的耳中,他对研究星星一向很有兴趣,当他听说望远镜可以看到很远很远的东西时,马上想到可以利用望远镜来观察遥远的星空。于是,不出六个月,伽利略就制成了自己的望远镜,据说他先后制成了可以将物体放大到 60~400 倍的天文望远镜。

伽利略用自己制作的巨大的望远镜观看天空,第一次清晰地看到了星星的许多奥秘。他看到,月亮原来是一个大圆球,它的表面有像地球那样的高山和洼地,只不过山是环形的,而且月亮自己并不发光,它的光辉是反射的太阳光。

**借助望远镜,伽利略第一次看到了月球的奥秘**

伽利略看到,金星和火星也像月球一样,有"弯月"和"满月"的现象,这说明它们也在绕着一个天体转动。

伽利略还看到,木星的周围,有 4 颗卫星在围绕着它旋转,这有力地说明,星星并不像有些人认为的那样,都是绕着地球这个中心旋转的。

伽利略还看到太阳上面有一块一块的黑斑,它并不像宗教界所宣传的,是完美无瑕的。

伽利略从望远镜中还看到，天空中的银河其实是由无数发光的星星组成的，他推断，宇宙可能是无穷大的。

伽利略的发现证实了波兰天文学家哥白尼提出的太阳中心说，这个学说认为地球和其他的行星都是围绕着太阳而运动的。伽利略还提出，地球并不是静止不动，而是自转的。他的发现掀开了天文学新的一页。

伽利略的发现使宗教界十分恼火，他受到罗马宗教法庭的审判，被判8年的监禁并被迫在1633年宣布放弃自己的学说。但是，科学的进步证实了伽利略的学说正确，并进一步证明，太阳只是太阳系的中心，而并不是宇宙的中心。

1983年，罗马教廷正式承认350年前宗教裁判所对伽利略的审判是错误的。1992年10月31日，梵蒂冈教皇约翰·保罗二世对在场的教廷圣职部人员和20来名红衣主教再次表示，当年对伽利略的处置是错误的，并且表示今后永远不要再发生另一起伽利略事件。

（严　慧）

# 57　太阳系被扩大一倍
## ——天王星的发现

德国出生的赫歇耳，本来是军队中的一名乐师，后来他离开了军队，并且住在了英国。有一次他读了牛顿写的一本讲光学的书，使他产生了亲自看看宇宙的强烈愿望。为了达到这个目的，他和妹妹（她后来也成为了天文学家）自己动手磨制天文望远镜。1779年，他磨制的反射望远镜，性能已经超过了当时的折射望远镜。

1781年，当赫歇耳用望远镜巡视天空，换着个儿从这颗星搜索到那颗星的时候，他看到了一个天体，这个天体不像一般的星星那样呈现出一个光点，而是小小的圆面。这样的圆面往往表示这是一颗彗星，因为彗星不是一个实体，所以看上去它是一个模糊的圆面。

它究竟是一颗什么天体呢？赫歇耳毫不放松地紧紧跟踪观察。赫歇耳发现，这个呈小圆面的天体有很明确的边缘，外形和太阳系的行星一样，并不是像彗星那样只有模模糊糊的一团。又根据观察到的数据，计算了它运行的轨道，这轨道近似一个圆，这个特点也和太阳系的其他行星一样；而如果它是一颗彗星的话，那它就应该呈现出一条很扁很扁的椭圆形轨道。

这样看来，这个呈小圆面的星星不是彗星?!

那么，它是属于太阳系的一颗行星?!

啊！赫歇耳非常兴奋地宣布：他发现了太阳系中的一颗新行星。他有确凿的观察证据可以证明这一发现。而别的天文学家之所以没能发现——他们曾经看到过这颗星，还以为它只是金星的卫星呢——是因为他们没有赫歇耳那样好的望远镜，他们没能看到它呈现出了引人注目的发亮的小圆面，更没有想到要像赫歇耳那样做细致精密的跟踪观察。

赫歇耳的这一发现在当时的天文学界引起很大的轰动，因为那时人们已经知道太阳系中，除地球外还有水星、金星、火星、木星和土星，地球在金星与火星之间，而且普遍认为，再不会有什么新发现了。现在赫歇耳发现了一颗新的行星，把太阳系的范围几乎扩大了一倍，更为重要的是，这件事告知人们宇宙间还有未知的东西在等待人们去发现。于是有人建议，荣誉应该归于发现者，这颗新行星就叫"赫歇耳"星吧！

经过一番讨论后，比较一致的意见是，过去都用希腊神话中的人物给星星命名，这次还照老规矩办吧，于是它被命名为"天王星"。

（严　慧）

# 58 谁在干扰天王星

## ——海王星的发现

自从 1781 年英国天文学家赫歇耳发现了太阳系的第七大行星天王星以后，吸引了很多天文学家对它的运行进行观测，而且根据牛顿万有引力定律计算了它的运行轨道。结果发现，天王星实际运行的轨道和理论上计算出来的轨道有偏差。

是什么原因造成了这种偏差呢？科学家们认为，如果引力理论没有错误，计算也没有错误，那么，只有一种可能，就是在天王星以外，还有一颗行星，是它的引力在干扰着天王星的运行。

这时，英国正在上大学的贫苦农民的儿子亚当斯，开始了对天王星运动的研究。1843 年，他的计算已经有了初步结果；1845 年 10 月，他把自己计算出来的结果报告给了格林威治天文台台长艾里，希望允许他在天文台寻找这颗计算出来的未知新行星。谁知艾里认为，用计算的方法就希望找到一颗未知行星，这不可能；何况亚当斯还这么年轻，只有 26 岁，他是不是太狂妄了？！所以根本没有约见亚当斯。亚当斯只好留下论文和一张纸条，纸条上写道："这行星将出现于宝瓶星座，是一颗 9 等暗星……"论文有新行星的轨道参数和推算出来的行星的质量，亚当斯热切地希望艾里台长能抓紧时间寻找。可艾里却将他的论文连同他留下的字条，顺手放在一旁，置之脑后。

然而在法国，另一位名叫勒威耶的天文学家，也计算出来了这颗未知新行星的运行轨道，1846 年 9 月 18 日，他写信给柏林天文台台长伽勒，告诉他新行星可能出现在宝瓶星座附近。9 月 23 日，伽勒接到勒

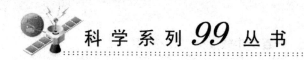

威耶的报告后，立刻进行观测，果然在和勒威耶预报相差不到1°的位置，发现了这颗新行星。

法国为此沸腾了，认为这是"法国科学院的光荣"，是能够"激发法国的子孙后代感激和崇敬之情的最杰出成就"。并且力争要用勒威耶的名字给新行星命名。不过后来还是按照天文学的老规矩，命名为"海王星"。

这时，英国的艾里才想起亚当斯送来的那份报告，它被弃置在一旁已经过了7个月，那上面落了厚厚的灰尘。其实亚当斯提出的报告比勒威耶提出的要早好几个月。

于是，英国和法国为了争夺谁最先发现这颗新行星的问题，激烈地争论了5年，最后两国公认勒威耶和亚当斯共享"海王星发现者"的荣誉。

海王星的发现，有力地证明了牛顿万有引力定律的正确和它的威力。同时也说明，作为主管人员，对于来自实践的报告，不做进一步的调查证实，就主观地加以否定，这种作风是会造成重大失误的。

（严　慧）

# 59　看到了地球自转
## ——傅科摆的证实

早在1543年，波兰天文学家哥白尼在《在天体运行论》中就首先提出地球自转和公转的概念。以后，大量的观测和实验也证实了地球是由西向东自转，同时围绕太阳公转。但是生活在地球上的人们自己并看不到地球的自转。

在 19 世纪中期，有一位名叫傅科的法国物理学家想到，能不能用一种物理实验的方法，证实（或者说看到）地球的自转呢？在做摆的实验的时候，傅科注意到摆在摆动的时候，有保持自己振动面的趋向，这给傅科以启发，他设想，如果有一个巨大的摆悬在空中摆动，摆保持着自己的振动面，而地球却在摆的下面不停地自转，这样，摆锤在地面画出的摆线，就会反映出随着地球的自转而不断改变着它的方向。

傅科在自己的实验室里进行了第一次实验，但是因为摆挂得不够高，未能明显地反映出摆线改变的方向。傅科的实验被正在巴黎天文台工作的法国物理学家阿拉戈知道了，他认为傅科的实验设计很有意义，马上决定将天文台大楼提供给傅科做实验，实验效果有明显的改进。不料这件事又被拿破仑三世知道了，决定将巴黎一个叫先贤祠的大厅提供给傅科做实验的场所。

1851 年的一天，在这座高大的圆顶建筑物的天花板上，垂吊下一根有 67 米长的钢丝绳，下端系着一个重 28 千克的大铁球，钢丝和铁球形成了一个巨大的单摆。摆的下端是一根尖尖的铁棒，当摆摆动起来的时候，这根尖铁棒正好可以轻轻地从地面上划过。

傅科先将铁球高高地拉向一侧，用绳子拴在墙上，当一切平稳后，用火烧断那根拴着摆的绳子，使摆在不受外力干扰产生振动的条件下开始了平稳地摆动。

这一壮观的实验表演在巴黎引起巨大的轰动，吸引了许多人去观看。只见那巨摆摆动起来以后，铁球下系着的尖铁棒轻轻从地面划过，地面上铺着一层细砂，铁棒每划过一次，就在细砂上留下一条清晰的痕迹。

一个小时以后，铁棒在细砂上划出的痕迹，明显地发生了方向的变化，居然移动了十几度。

这时，傅科大声向观众们解释说："摆是在同一垂直面上来回摆动着，但是地球在摆下面旋转，旋转产生的方向变化，从摆锤下尖铁棒的画痕表示出来了。"

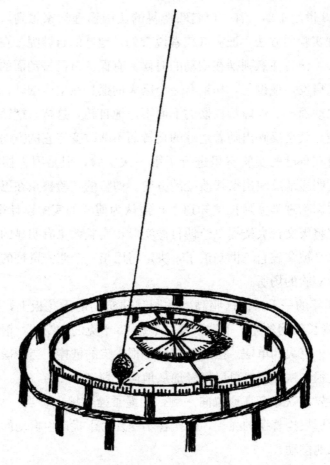

**人们从摆锤下面尖铁棒划出的痕迹，看到了地球在自转**

"哦，我们看到了地球的自转。"观众们欢呼起来。

傅科用摆证实了天文学家在理论上提出的地球是绕轴自转的观点，使站在地球上的人们看到了脚下的地球在自转，真是一个了不起的发现。这一年，他才 32 岁。

后来，人们就将傅科设计的这种可以见到地球自转的摆叫傅科摆。在地球不同的地方，傅科摆的旋转方向、旋转速率都不一样，比如在北半球，傅科摆总是顺时针旋转，速率高一些；而在南半球，傅科摆就是逆时针旋转；而如果在赤道，傅科摆就不会在地面上留下方向性的转动。

在北京天文馆的大厅里，就悬挂着这样一个傅科摆，你到那里去参观的时候，耐心地等候着观察，也能亲自看到地球在怎样自转。

（严　慧）

# 60　澡盆出水口的漩涡
## ——地球自转方向的验证

1962年的一天，美国麻省理工学院机械工程系的谢皮罗教授工作了一天，准备休息了。他习惯地走进卫生间，在那里他夫人已为他准备好了洗澡水。谢皮罗教授跨进澡盆，舒舒服服地把身体泡在热水里。

洗完了澡，他一边擦身上的水，一边伸手拔掉盆底的塞子。水顺着盆底的出水口往外流，在出水口的上方，形成了一个漩涡。教授注意到，漩涡在出水口是按逆时针方向旋转的。

"有意思！是不是每次放水都这样旋转呢？"谢皮罗教授的脑袋里突然产生了一个问题。

为了试试自己的想法，他把水塞塞上，再拔掉；再塞上，再拔掉……果然，每次在出水口的漩涡都是按逆时针方向旋转的。

正当教授"玩水"玩得起劲时，夫人打断了他：

"喂，你在干什么呢？简直像个孩子！"

天也确实很晚了，教授只好停止了试验。但是，这一夜他久久不能入睡，一直在想澡盆出水口漩涡的事。

此后，谢皮罗教授每次洗完澡都要有意识地观察一下，他发现只要水流不受到其他力的作用，水涡的旋转方向总是逆时针的，无一例外。谢皮罗又观察了空气的流动，他发现台风的旋转方向也是逆时针的。

怎么解释这个现象呢？

经过反复思考，谢皮罗教授认为这只能与地球的自转有关系。由于地球是自西向东不停地自转，对居住在北半球的人来说，地球自转就是逆时针方向的，所以受地球自转影响的水流、台风等也自然按逆时针方向旋转了。

从出水口流出的水形成的漩涡朝着逆时针的方向旋转

他由此推理，生活在南半球的人看到的水流漩涡正好与北半球相反，一定是按顺时针方向旋转的；而在赤道附近，水流不会形成漩涡。

谢皮罗教授把自己的这一观点写成论文，在1962年发表了。他恳切地表示，希望各地的学者都做一做水流漩涡的实验，帮助他验证这个理论。

谢皮罗教授的论文引起了人们极大的兴趣，很快，世界各地都纷纷写来了信，证实了他的推测完全正确。因此我们也可以认为，谢皮罗的发现，使我们用另一种方式也看到了地球的自转。

（冯中平）

# 61 影子告诉我们的

## ——测算出地球的大小

在埃及南部尼罗河畔，有个叫塞恩（今阿斯旺）的地方，那里有一口古怪的深井，平日深不见底，但每年到了夏至（6月21日）这天的正午，太阳光可以一直照到井底，而且一切垂直物体的影子也都消失了。而在塞恩以南，此时所有垂直物体的影子都朝南；在塞恩以北，此时所有垂直物体的影子都朝北。

这真是一个奇怪的现象，人们不明白为什么在同一时间地球上的影子会出现这样的变化，但是有一位名叫埃拉托色尼的希腊天文学家，精通地理，经过分析以后认为，这是因为，地球是一个球体，它的大地实际是弧形的曲面，夏至时分，阳光对于塞恩来说，是垂直地照射着，所以影子消失了；而在它以南或以北的地方，却留下了方向相反的影子。埃拉托色尼认识到这一点以后，敏锐地联想到，根据一个垂直物体所形成的影子的长度，可以求出阳光和这个垂直物体所形成的夹角。那么如果从地球的中心画两条直线，一条引向塞恩，一条引向出现影子的地方，它也形成一个夹角，根据几何学的原理，这个夹角应该和一个垂直物体的影子形成的夹角相等，因此，只要求出这个夹角，再知道在地面上这个夹角所包括的距离，就可以算出地球的圆周有多长。

于是，在公元前240年夏至到来的这一天，埃拉托色尼来到塞恩以北的亚历山大里亚城，测得阳光和垂直物体形成的夹角是 7.2°。从亚历山大里亚至塞恩的距离，照当时古希腊长度的单位是5000斯塔迪姆。一个圆周是 360°，7.2°正好是 360°的 1/50。已知这 1/50 的长度是5000

斯塔迪姆，那么，地球的圆周长应是 5000×50＝250000 斯塔迪姆。1
斯塔迪姆大约等于 1/10 英里，250000 斯塔迪姆相当于 25000 英里，也
就是 40000 千米。与现在精确地计算出地球的圆周为 40076 千米的数值
十分接近。

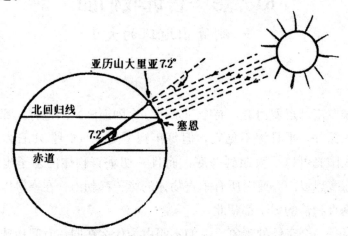

**埃拉托色尼测阳光与垂直物夹角示意图**

太阳光直射入塞恩井时，它与亚历山大里亚形成的影子夹

角是 7.2°

太阳光直射入塞恩井时，它与亚历山大里亚形成的影子夹角是 7.2°
知道了圆周长再求圆的半径的公式是：

$r$＝圆周÷$2\pi$＝40000 千米÷（2×3.1416）≈6366 千米。

它和现今知道的地球半径为 6357～6378 千米的数值也非常接近。

埃拉托色尼是在公元前 240 年进行这一测算的，他第一个发现地球
圆周的长度和这个地球有多大的体积，得出的结果与现在的数值是这样
接近，两千多年前取得这样的成果是多么了不起，可见运用一个正确的
方法有多么大的意义。

不过遗憾的是，当时埃拉托色尼求出的这个数值，在他同时代和这
以后相当长的一段时间里，都未能被接受，因为这个数值在他们看来，
实在是太大了，大到"不可思议"的程度。

然而埃拉托色尼是有充分想象力的，当他测算出来地球的体积是如

此之大，而已知的陆地世界却比较小时，他猜想，在地球表面的海，可能会连成一片大洋，海洋占的面积要比陆地占的面积大许多。这个猜想直到一千八百多年以后，麦哲伦成功地进行了环球航行后才得到证实，而且在地球的表面，的确有大约70%的面积是海洋。

（严　慧）

# 62　里奇的钟为什么变慢
## ——地球形状的发现

1671 年，一支法国科学考察队来到南美洲北岸赤道附近，一个叫卡宴的地方。考察队里有位名叫里奇的天文学家，他随考察队来到南美洲，是为了对火星进行观测。

里奇从巴黎动身时，带了一座走时很准的摆钟。可是到卡宴后不久，这钟就出了毛病：每天都要慢两分半钟。为了不影响工作，里奇把钟摆的长度缩短3毫米左右，钟又走得同以前一样准了。里奇终日忙着工作，也没把这件事放在心上。

两年后，考察队的工作结束了，里奇回到了巴黎。他惊奇地发现，在卡宴校准了的钟，到巴黎后又变得不准了，每天要快两分半钟。里奇把钟摆放长了3毫米后，钟又能准确走时。这一回可引起了里奇的注意，他认为问题不出在钟本身，这是一件值得研究的事情。

里奇钟的事传开后，很快引起了英国科学家牛顿的兴趣。他认为钟表的误差证明地球不是一个非常圆的正球体，而是一个稍稍有点扁平的扁球体。这是因为地球自转时，不同纬度的地方，转动的速度也不一样。两极几乎不动，从高纬度到低纬度转速逐渐增大，赤道上转得最

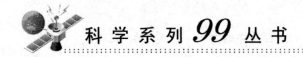

快。由于转动速度不同，地球物质有向赤道方向移动的趋势。结果就会造成地球赤道部分向外鼓出，而两极则变得扁平。

根据这个假设，里奇钟的问题就好解释了：原来，时钟的快慢与钟摆的摆动周期有关，而摆动周期又与重力加速度有关。卡宴那地方离赤道比较近，地面就向外鼓一些，地面到地心的距离也大一点，因而重力加速度也就小一点，结果钟摆的周期变长，钟也就慢了；而在纬度较高的巴黎，情况正巧相反，钟又会快了。

不过，牛顿的推测尽管很在理，毕竟还是理论上的。地球究竟是不是个扁球体，还必须有实际测量的数据才能证明。

1735 年，在牛顿去世 8 年后，法国科学院组织了两支远征测量队，一队到赤道附近的厄瓜多尔，另一队到斯堪的纳维亚半岛最北端的拉普兰德，分别去测量当地经线上 1 度的弧长。

经过 10 年的艰苦工作，终于测得拉普兰德经线上 1 度的弧长比厄瓜多尔长 1 千多米，从而证实了牛顿的理论是正确的。

近年来，人类利用对人造卫星轨道的观测资料，精确地推算出：地球的赤道半径比极半径长 21.385 千米，这说明地球的确是一个有点儿扁的扁球体。

瞧，一只慢了两分半钟的钟，竟使人们对地球的形状有了进一步的发现。得到这个发现的意义可非同小可，因为在测绘地图、航海、航空、发射卫星和导弹时都要精密地确定地理位置，假如不考虑地球的准确形状，在计算上"差之毫厘"，结果就会"失之千里"的。

（冯中平）

# 63　失手之后
## ——结晶学面角守恒定律的发现

1781 年的一天，法国矿物学家阿维到一位朋友家作客。刚坐下来，主人家橱柜里陈列的各种矿石标本便吸引了他，阿维禁不住走过去，兴致勃勃地观看起来。

阿维拿起一块半透明的斜六面体方解石标本，翻来覆去地看着。当他的目光又投向另一块闪闪发亮的晶体时，不知怎么一失手，方解石掉在了地上，一下摔成了几块。

阿维很不好意思，他一边连声向朋友道歉，一边弯下腰去捡地下的矿石。忽然，阿维的手停住了，并大声招呼朋友来看。原来，他发现这几个碎块都是以相同的角度、顺着同样的平面碎裂的，一个个仍旧保持着斜六面体形状。

阿维的朋友也来了兴趣，于是他们用锤子把碎块又敲成更小的块儿，拿在手中仔细观察起来。果不其然，尽管这些碎块的大小不同，但它们都呈现出相同的形状——斜六面体。

这件事使阿维难以忘却，他想：保持晶体的规则形状只是这种方解石所独有的吗？其他晶体有没有这个特点呢？

当然，这个问题只有靠实验才能知道，于是阿维开始着手晶体结构方面的研究。他几乎找来了能搜集到的一切晶体进行观察，果然，这些晶体都具有同方解石一样的特征，即都能保持一定的几何结构形状。

不久，阿维提出"结晶学面角守恒和整数定律"，其内容是：晶体

**矿石虽然碎了，但每片碎块
都保持着斜六面体的形状**

由单元晶相聚而成，在没有外界干扰的条件下，可以形成一种简单的几何结构形状。这种几何结构形状具有一定的角度，它的各个方面可以用简单的整数比来表示。阿维认为，结晶体在外形上的一致或差别，意味着化学成分上的一致或差别。阿维的理论阐述了晶体外形与内部结构间的关系，为晶体的几何理论奠定了基础。

瞧，一次失手，导致了一个理论的产生，科学发现的机会常常就是这样得来的。然而，恰恰是这种意想不到的机会，才难以捕捉呢！

（冯中平）

# 64  扛标杆的收获
## ——化石层序地层的发现

我们居住的地球自形成以来，经历了约 46 亿年的演化过程，发生过巨大的变化。这些变化，无论是个人还是整个人类都不能再重复验证了，那么人们是如何知道地球的演变过程的呢？在人类对地球漫长的认识过程中，发现地层记录着地球的演变，不同的地层告诉了我们当时地球的面貌，而化石对于确定地层年代、地层顺序等又有重大作用。地球演变的秘密是谁发现的呢？是一位从扛标杆开始做起的英国地质学家，他叫史密斯。

史密斯生于 1769 年，8 岁就死了父亲，寄养在叔叔家里，幼年在农村读书时就喜爱到山中去采集化石，18 岁时，史密斯成为测量员学徒，扛起了标杆，开始了地质生涯。1793～1799 年，他参加了开凿运河的测量工作。当时还没有蒸汽机，开凿运河对发展交通运输起着重大的作用。史密斯在长期的野外测量和调查中，逐渐发现地层的结构是有规律的，每一层都含有特殊的化石。这是因为远古时期各种生物是一个品种接着另一个品种按先后顺序出现的，这样，相同时期的化石就会出现在相同的地层中。比如：他发现，只要有植物化石的地方，就一定有煤矿，因为煤是古代植物埋藏在地下经过漫长的岁月而形成的，它们形成在同一个地质时代。这是史密斯发现化石与地层有内在联系的开端。

1796 年，史密斯提出了"每一岩层都含有其特殊的物种的化石，根据一个或更多个生物化石作为标志，就能把看来好像混乱的地层整理得井然有序，标出它形成的年代顺序"的论断，并且认为，用化石还可

以确定地层形成的年代。史密斯是世界上第一个根据岩层中的生物化石来确定地层顺序的人，他的发现具有划时代的意义。现在这种方法被称为"化石顺序律"，也称"史密斯地层"，仍为地质学家采用。

史密斯虽然积累了不少实践中得到的发现，但因为他没有受过系统的教育，所以不长于写作。后来他遇到两位牧师，他们鼓励史密斯把这一切写成著作出版，于是史密斯自学了不少专著，终于在 1816 年出版了他的第一本专著《从化石判定地层》。在这本书出版前一年，还出版了他绘制的 15 大张彩色地质图。虽说史密斯的《从化石判定地层》和彩色地质图出版以后，也不断有人来向他请教，但终因他出身卑微，并未受到地质学术界的重视。

后来，英国受到工业革命浪潮的冲击，伦敦地质学会才把高贵的目光投向了出身扛标杆的"地质匠"身上，1831 年，伦敦地质学学会授予他首届沃拉斯顿奖，并尊敬地称他为"英国地质学之父"，国际上的地质学界也公认他是"生物地层学的奠基人"。

（严　慧）

# 65　地图引发的联想

## ——大陆漂移的发现

1910 年的一天，一位患了感冒的青年，躺在床上休息，他无意识地瞧着墙上的地图，看着看着，他发现了一个奇特而又有趣的现象：在辽阔的大西洋东西两岸，也就是南美洲的东海岸和非洲的西海岸，它们之间凸出来和凹进去的地方，好像互相对应，特别是南美洲巴西东端的直角突出部分正好与对岸非洲西海岸呈直角凹进去的几内亚湾，更是非

它们原来是一块完整的大陆吗？

常吻合；再往北望，位于北冰洋和大西洋之间的格陵兰岛，它的东海岸线和西海岸线，弯弯曲曲地，又和欧洲的西北岸和北美洲的东北岸海岸线可以互相嵌合。

这使青年产生了一个奇特的联想：是不是它们原来都是一块完整的大陆，后来却分离了？就好像一块完整的饼干，虽然被掰开成好几块了，但仍然可以根据破裂的茬口，将它们拼合在一起一样。但青年转念又想：现在这几块大陆之间，隔着浩瀚的大西洋呀！它们在很久很久以前果真是相联接的吗？

这青年名叫魏格纳，德国气象学家，他当时对地质并不熟悉，就把自己的想法告诉了岳父。岳父也是一位气象学家，他对魏格纳建议说："放弃这些荒唐的想法吧！要想弄清楚这样大的问题，你必须去研究一些古地质和古生物方面的问题，而这个领域你并不熟悉，不必去自寻烦恼。"

但是这个奇特而有趣的地理现象对刚满 30 岁的魏格纳具有极其强烈的吸引力，他并没有听从岳父的劝告，而是利用一切可以利用的业余时间，从古生物和古地质的角度，去寻求可以说明这几块大陆原来是一整块的证据。

经过一段时间的考察研究，魏格纳发现，大西洋两岸的地层中，有相同的两亿多年前的植物和动物化石，特别是两岸的地层中都有一种生活在淡水或微咸水中的爬行类——中龙化石，而这种化石在世界其他地区都没有发现过。如果这两块大陆当年不是相连的，它们怎么可能通过苦咸的海水只分布在这两块大陆里呢？

还有一种只生长在寒冷气候条件下的舌羊齿植物化石，现在广泛分布在这两块大陆两亿年前的地层中，而这两块大陆现在的气候已经发生了很大的变化，有的成为温带，有的甚至已成为热带了。这只能说明，两块大陆在两亿年前的气候条件是一样的寒冷，也就是说，只能说明它们在两亿年前是相连的。

再从大地测量的结果表明，格陵兰岛正在从欧洲漂移，在一个世纪内似乎远离了 1.6 千米。

魏格纳认为自己已经找到了不少证据，1912 年，他根据自己的考证和发现，第一次提出了大陆漂移学说。他认为，在远古的时候，地球上只有一块大陆，称为联合古大陆或泛大陆。大约在两亿年前时，受地球自转和潮汐力的影响，它们渐渐分离并漂移开去，形成了今天的几个大陆。

1915 年，魏格纳发表了《海陆的起源》著作，从地球物理学、古生物学、古气候学、大地测量学等对大陆漂移学说做了论证，认为只有"大陆漂移"才能解释全部事实。但由于资料还不够充足，受到当时一些地质学家的反对。直到 20 世纪 50 年代后期，又发现了新的强有力的证据，大陆漂移说才逐步为人们所重视并被接受。

（严　慧）

# 66  海底考察的收获
## ——板块构造的发现

20世纪的20年代,魏格纳的大陆漂移说刚一提出来,在世界范围内引起一场大论战,大多数地质学家都强烈反对。因为当时的地质学界,只承认地球外壳的变化是垂直性的。简单地说,就是海洋可以上升为陆地,陆地也可以下降成为海洋,至于说大陆曾分离并可以沿着水平的方向漂移的理论,那真是不可思议。他们反问:是什么力量使大陆漂移呢?

为了进一步收集大陆漂移的证据,魏格纳曾经四次到冰天雪地的格陵兰岛去考察,就在第四次考察中,他在格陵兰岛牺牲了。这是1930年,魏格纳50岁。打这以后,就很少有人提起大陆漂移学说了。

到了20世纪50年代,科学家在大西洋、太平洋、印度洋和北冰洋等洋底发现了很长很长的断断续续的山脉,总共有6.4万千米长。山脉顶的中间还有着很深很大的裂谷,裂谷宽25～30千米,深约2000米。而且在这些洋底的边缘还发现了二十多条又深又陡的海沟,海沟一般宽有40～120千米,长500～4500千米,6000多米深;最深的是西太平洋的马里亚纳海沟,有11000多米深呢。

海底怎么会有山脉、裂谷和海沟呢?1960年,美国地球物理学家赫斯提出了海底扩张学说。他认为,地球的地幔热物质从洋中脊(就是洋底山脉的裂谷)中不断涌出,遇冷凝固,形成新洋底;新洋底不断向两侧扩张,形成水平移动,至海沟处;旧洋底则潜没熔融于地幔中。当然,海底的这种新生、消亡运动是极缓慢的。

海底扩张说是在大陆漂移说的基础上发展起来的一个更大胆，更充满想象力的假说，它解释了很多老问题，提供了不少新资料，地质学家不得不根据这两个学说来重新认识地球的构造，于是诞生了板块构造学。

板块构造学认为地壳表层至少可分为六个大板块和若干个小板块，每个大板块都包括有大陆和大洋底；全球所有的板块都沿着相互的边界做相对运动，或者相互离散，或者相互聚集，或者相互平移。覆盖全球大陆和洋底的这六大板块，由此造就了现今的地球面貌，并由此造成地震、火山等自然现象。

板块构造学说使20世纪20年代魏格纳提出的大陆漂移说得到了很恰当、又很合理的解释：由于海底的扩张，形成陆地发生错动、分裂并渐渐漂移而成为几大板块。大洋板块在漂移时，有的下沉到大陆板块之下，形成了海沟；有的则切入另一板块的下面，使它上面的板块上升而成为山脉，例如喜马拉雅山脉，就是这样形成的，由于大陆的漂移和切入，直到现在它还在升高。这就是地球表面出现沧海桑田变化的根本原因。

现在的板块构造学说，将地球表面分为六大板块：太平洋板块、亚欧板块、印度洋板块、非洲板块、美洲板块和南极洲板块。

（严　慧）

# 67　这里曾经是海洋
## ——从黑顶藻得到的发现

1943年冬天的一个黄昏，在嘉陵江边上，一位中年人正在悠闲地

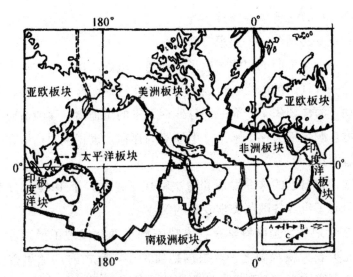

**板块构造学说将地球表面分为六大板块**

散步。他叫饶钦止，是当时中央研究院植物研究所的研究员。植物研究所坐落在重庆市郊嘉陵江边。这里空气清新，景色宜人，每天晚饭后在江边散步已成了饶钦止的习惯。

不过，饶钦止并不醉心于江面茫茫的雾色和对岸重叠的山峦，他喜欢静静地观察岸边的植物，还喜欢搬弄脚下的石头。原来，饶钦止是专门研究藻类生物的，而这种生物一般都喜欢附着在石头表面生长。

在一座陡岸的下面，饶钦止费劲地搬开了一块大石头，石头下面长了一些暗褐色的茸毛，这是藻类植物。饶钦止习惯地拿出随身携带的放大镜，仔细观察起来。他看到这些褐色茸毛像树枝一样分出很多杈，在杈的顶端有许多小黑点。饶钦止凭着自己的丰富经验，一眼便认出这是黑顶藻。

然而，使饶钦止感到惊奇的是：黑顶藻是一种海生褐藻，它怎么会出现在长江这样的淡水中呢？若说它是从海洋沿河道漂来的，可是这里远在长江的上游，不受潮汐的影响，逆流而漂是根本不可能的。就算是黑顶藻附着在回游产卵的鱼身上到了这里，那它们也不能适应淡水环境，是无法生存的。

那么，应该怎样解释这件事呢？

饶钦止一边散步，一边思考着……

终于，一个大胆的想法产生了。他想：也许四川盆地在远古的历史上曾经是一片辽阔的海洋，黑顶藻就生活在这片海洋中。后来，由于地壳的运动，海洋消失了，而一部分残存下来的黑顶藻，逐渐适应了新的淡水环境，顽强地生存下来了。黑顶藻的存在，也正说明这里在历史上曾经有过海洋。

饶钦止将自己的这一发现和看法写成了论文，于 1944 年发表。这篇论文引起了世界各国藻类学专家的关注。

30 多年之后，美国科学家在密执安湖里两次发现了黑顶藻。密执安湖是北美五大淡水湖之一，根据地质考察，远古时期这里曾经是海洋。这个事实成为一个旁证，证明饶钦止的推测是完全正确的。

饶钦止教授从事藻类研究，至今已有 50 余年，他是我国著名的淡水藻类学专家，也是世界知名的学者。

丰富的学识，敏锐的观察，勤于思考分析，就能做出合乎情理的科学论断，发现常人不能发现的事物。

（冯中平）

# 68  从古墓坑壁上看到的
## ——找寻黄河泥沙源头

一天，在黄河花园口大堤外的河滩上，挖掘出了一座唐代古墓。这消息不胫而走，很快，四面八方的人都赶来看热闹。

古墓的四周被齐齐地切下去很深，随着一件件文物的出土，人群中不断发出阵阵赞叹和议论。

在这拥挤的人堆里，有一位头发花白的学者，也在全神贯注地观看着。不过，他关心的不是这些出土文物，而是那深深切下去的古墓坑壁。

原来，这古墓的坑壁恰好是黄河河滩的纵剖面，河滩各层淤积物的组成情况，在这坑壁上一目了然。

这位学者名叫钱宁，是清华大学教授、我国著名的泥沙学专家。年轻的时候，钱宁在美国加利福尼亚大学专门从事泥沙研究，他的导师是著名物理学家爱因斯坦的儿子，一位国际泥沙学权威。他们联名发表了许多论文，还共同提出一种实验方法，被称为"爱因斯坦－钱宁方法"，至今还在各国泥沙学者中被广泛应用。钱宁29岁时获得博士学位，刚刚30出头就已成为国际知名的泥沙学专家。1955年，钱宁夫妇冲破重重阻碍，从美国回到祖国。以后，他便全力投入水利学和泥沙学研究工作中了。

黄河是中华民族的摇篮，抚育了炎黄子孙。但是，由于它的河水中含沙量大，千百年来泥沙的淤积，造成黄河无数次决口改道，泛滥成灾。为了彻底根治黄河，为人民造福，钱宁教授把解决黄河泥沙的淤积作为自己的一项重要研究课题。

此刻，站在古墓旁的钱宁看到，坑壁从表面到深处的淤积物，几乎都是由直径大于0.5毫米的粗泥沙组成。他想：这样粗大的泥沙颗粒，是很难被河水带走的，难怪都淤积在河床里了。如果能找到粗泥沙的"老家"，在那里就把它们堵住，那黄河河床的淤积状况不就可以大大改善了吗？

不久，钱宁教授提出了寻找粗泥沙源区的具体建议和方案。以后，钱宁教授和他带领的考察队用了6年的时间，行程上万里，调查了黄河20条支流的情况。他们还分析了黄河几十年来的大量资料，终于在黄土高原上找到了面积达5万平方千米的粗泥沙集中区，为黄河的治理做出了重要贡献。

（冯中平）

# 69　故障建立的功勋

## ——降雨条件的发现

1946 年 7 月，正是炎热的盛夏季节。一天，美国纽约州斯克内克塔迪通用电器公司的实验所里，由于冰箱突然出现了故障，使正在进行的人工云实验受到影响。

为了保持低温，实验所所长朗缪尔果断地决定：一边检修冰箱，一边用干冰降温。干冰就是固体的二氧化碳，它在转变成气体的二氧化碳时，能吸收大量的热，是一种理想的降温剂。

当朗缪尔把一块干冰放进冰箱时，突然，冰箱里的人工云变成了许多小冰粒盘旋飞舞，随即又飘落而下，一派严冬大雪的景象，这神奇的场面使大家惊叹不已。

这是怎么回事呢？

我们都有这样的常识，下雨下雪必须要有云，而且是阴云密布。可是，有云的天气并不一定就下雨下雪。这就是说，雨和雪的形成有它的特定条件，云中要有形成雨或雪的晶核，云才能凝聚成水滴或雪粒。同样道理，冰箱里的人工云是降雨或降雪的基本条件，但雨和雪的形成还必须要有晶核的存在。朗缪尔认为，干冰放进冰箱后，气温骤然下降，人工云中的水蒸气结成了许多冰晶，这正是降雨降雪所需要的晶核。于是，人工云刹那间就变成了人工雪。

朗缪尔是美国的一位物理化学家，除了科学研究外，他还有着广泛的兴趣爱好。他获得过文学硕士和哲学博士学位，喜欢登山，还是个优秀的飞行员。14 年前，朗缪尔为了更好地观测日食，曾驾驶飞机飞上过 9000 米高空。

每当朗缪尔翱翔于蓝天，在云层中穿行时，他总禁不住幻想用人工的方法，把天上的云变成雨，让大自然服从人的意愿。

刚才冰箱中雪花纷飞的情景，使朗缪尔意识到，自己已经偶然地发现了人工降雪的方法。不过，这成功毕竟还是在实验室里，自然界中用这种方法是不是也有效呢？

一切都要用事实来验证。

1947 年，朗缪尔选择了一个乌云密布的天气进行试验。那天，一架飞机在云海上掠过，机尾处不断播撒出粉末状的干冰。朗缪尔和实验所的工作人员，在地面上翘首观望，焦急地等待着。

半小时后，大滴的雨点从天而降，世界上第一次人工降雨宣告成功。朗缪尔和他的同事们在雨水中忘情地欢呼雀跃。

后来，人们又发现，用碘化银微粒做晶核进行人工降雨，效果比干冰更好，使用起来也比较方便。于是，碘化银逐渐代替了干冰。

朗缪尔由于对表面化学的研究，曾获 1932 年诺贝尔化学奖。但是人们仍旧普遍认为，他发现下雪的秘密，进而引伸出人工降雨，是科学事业中更加伟大的突破。可不是吗，目前，人工降雨、人工降雪已发展成为一项大规模的应用事业。1987 年，我国大兴安岭林区发生的一场大火灾，虽然经过人们的奋力抢救，但是最后使山火彻底熄灭的，应该归功于成功地进行了一次人工降雨。

（冯中平）

# 70　鸡蛋怎样变成小鸡
## ——最早的胚胎发育观察

　　一只鸡蛋，里面只有一个蛋黄和一点蛋清，经过母鸡抱窝，21天以后，一只活泼泼的小鸡就啄破蛋壳"叽叽"叫着出来了。鸡蛋里面究竟发生了什么样的变化，使蛋黄变成了一只小鸡呢？

　　这里面的秘密，还在两千多年以前，一位名叫亚里士多德的希腊学者，采用了一个既很巧妙，又很简单的方法把蛋黄变成小鸡的过程，观察清楚了。亚里士多德想：鸡蛋孵化21天以后，就发育成为一只完整的小鸡，我只要选21只鸡蛋给母鸡去孵，然后每天打开一只鸡蛋看一看，不就清楚了吗？

　　亚里士多德真这样做了，将自己的观察结果写了记录，还画了图。

　　第1天到第3天，他没有看到什么变化。

　　第3天，蛋黄上升到鸡蛋尖的那一头，蛋黄中间的那粒小白点，开始出现一个小血点。原来小鸡并不是由蛋黄变的，而是蛋黄中间的那粒小白点变的，它是小鸡的胚胎，小血点是胚胎最早出现的心脏。

　　接着，心脏有了生命的迹象，它开始搏动，并且伸出了两条血管，一

每天打开一只正在孵的鸡蛋看看，就知道鸡蛋怎样变成小鸡了

条通向外膜，另一条通向蛋黄，就像一根脐带，小鸡的胚胎就由它从蛋黄中吸取营养。不久，一层网状的血管像血丝一样包围了蛋黄，可以看到头部和两只突出的大眼睛；身体也开始形成，不过还很小，很苍白。

第10天，小鸡胚胎身体的各个部分都可以看出来了，脑袋比身体其他部分要大，而两只眼睛比脑袋更大；还可以看到身体的内部已经形成了胃（鸡肫）和肠子。从心脏伸出的血管，已经可以清清楚楚地看出来，它们是和脐带相连通的。小鸡胚胎和蛋黄、蛋白之间都有一层膜隔开，蛋黄已明显缩小了。

到第20天，打开鸡蛋，就会看到一只披着柔毛的小鸡，它会动弹，还会发出"叽叽"地叫声。它蜷缩成一团，头枕在右脚上，贴靠着右边的翅膀，翅膀把头盖住。

到第21天，小鸡就会用嘴啄破蛋壳从裂缝中挤出来，一个活泼泼的小生命就这样诞生了。

这是人类第一次发现了胚胎发育的秘密。当然后来有更细致和更深刻的发现。可是你要知道，亚里士多德诞生于公元前384年，离现在有二千三百多年呢！用这样的方法来发现鸡蛋是如何变成小鸡很不简单，可以认为是生理学上最早的实验设计吧！

（严 慧）

# 71　青虫是土蜂的养子吗？
## ——寄生蜂的发现

有一种土蜂，名叫蜾蠃（guǒluǒ），它会用泥在树上做巢，巢的样子就像一个小泥罐。蜾蠃做了这样的巢以后，自己并不钻进去住，而只是不停地衔了一条一条的青虫，把青虫丢在这小泥罐里。过不久，就会从小泥罐里飞出许多只小蜾蠃来。

我国古代就有人注意到了这个奇特的现象，在两千多年前的一本诗书《小雅·小苑》中说："螟蛉有子，蜾蠃负之。"意思是说，蜾蠃把螟蛉的孩子（青虫）背到自己的窝里，不断地向它们祝愿，后来它们就变成蜾蠃自己的孩子了。也就是说，他们认为螟蛉是蜾蠃的养子，所以人们也曾将领养的孩子称作"螟蛉子"。

到了距今一千四百多年的梁代，有位医学家叫陶弘景，他在整理、校订和补充中国古代的药物专著《神农本草经》的过程中，仔细观察了许多动物和植物。他发现，青虫有许多种，有的长大会变蝴蝶，有的会变飞蛾，为什么它们被蜾蠃衔进巢里，就会变成蜾蠃呢？再说，他还注意到，蜾蠃也和别的昆虫一样，常常成双成对地飞来飞去，说明它们也有雌有雄，为什么它们就不会自己生孩子呢？他对古书上的记载产生了怀疑，就准备找几个蜾蠃的巢掰开来看看究竟是怎么一回事。

掰开一看，陶弘景发现，被蜾蠃丢进泥罐里的青虫，都不死不活地躺在那里。青虫的身上大都爬着一种白色的小虫，它们已经将青虫吃得发空了；有的青虫还比较新鲜，但是细看它们的身体上，附着一些虫卵，这些虫卵肯定不是青虫自己的卵，那一定是蜾蠃下的。

陶弘景明白了，变成蜾蠃的不是青虫，而是那些小白虫，它们是由蜾蠃自己下的卵孵化出来的，而青虫只不过是蜾蠃幼虫的食物。

陶弘景毫不犹豫地推翻了古书的记载，而把自己的发现写在了自己编的书《本草经集注》上。

将小泥罐掰开来看看，就弄明白了

陶弘景观察的这种蜾蠃，是一种寄生蜂。寄生蜂有好多种，它们都有把自己的卵产在别的昆虫幼虫的皮肤里或身体里的习性，以便自己的幼虫从卵里孵化出来以后，把别的昆虫的幼虫作为自己幼虫的食物，当把别的昆虫的幼虫吃空以后，幼虫就变成成虫飞出来了。

农学家看上了这种寄生蜂的特点，就利用它们来消灭农作物中的一些害虫。在我国，已经培育出可消灭棉花害虫红铃虫幼虫的寄生蜂金小蜂；还有消灭甘蔗害虫甘蔗螟幼虫的赤眼蜂；消灭荔枝害虫荔枝椿象幼虫的平腹卵蜂等。

（严 慧）

# 72 探索生命的基石
## ——细胞的发现

大约在 15 世纪中叶，显微镜发明了，据说，它是由荷兰一位名叫詹森的磨镜工人用凸透镜装配而成的，不过当时人们还没找到它的用途。

到了 1665 年，英国物理学家胡克对显微镜发生了兴趣。胡克是一位爱好十分广泛的科学家，在很多领域里做过研究：他曾经给化学家玻意耳当过助手；又为了光的波动说及粒子说和牛顿展开过激烈地争论；他通过对弹簧的研究，提出了著名的胡克定律。胡克用显微镜观察了昆虫、鸟的羽毛和鱼鳞，其中最有价值的是，通过显微镜观察切得非常薄的软木片，他发现原本看上去很平滑的木片，竟呈现出无数排列得很整齐的小方格孔洞，很像一间间蜂巢里的小房间。胡克给这种小方孔洞取了一个名字："细胞"。"细胞"这个词，又有"小室"的意思，用它来表示生物组织结构中的小空间，是很恰当的。

胡克的发现使人类对生物的认识进入到细胞水平。从这以后，有不少生物学家对细胞进行了研究，但进展不大。过了近 200 年，直到 1838 年，德国的植物学家施莱登，在显微镜下对植物的细胞进行了观察研究，这时的显微镜已有很大的改进。他发现细胞里含有黏液物质（后来人们把它叫做原生质），而且还有细胞核。他认为，细胞核是生成新细胞的物质，而植物是由许多这样的细胞组成的。

施莱登把自己的发现写信告诉他的朋友——德国生理学家施旺，希望他对动物的组织也从细胞的角度观察研究一番。施旺对蛙类的胚胎进行了一番观察，他发现，动物也是由细胞组成的，细胞中也有细胞核、膜和液泡。这些细胞经过分化、发育，形成了动物的皮、蹄、羽毛、软骨、骨、牙齿、肌肉、神经等组织。1839 年，施莱登和施旺共同创立了细胞学说，认为一切植物和动物都是由细胞构成的，而植物、动物的生长和繁殖，是由于细胞不断增多的结果。

当然，又经过许多生物学家的研究，人们对细胞的认识也越来越深入。细胞学说使人们对生命科学的研究进入一个深层次领域，它和能量守恒与转化定律及进化论一起被称为 19 世纪自然科学的三大发现。

（严　慧）

# 73　看到了"小人国"
## ——微生物的发现

15 世纪中叶发明的显微镜，还曾对荷兰的一位看门人产生了极大的魅力，他叫列文虎克，父亲是编织篮筐的工匠，所以他从小并没有受很多教育，16岁时父亲去世，他就去当了学徒，后来在自己出生的德尔夫特市的市政府当了看门人。当他听说显微镜可以看到肉眼所看不见的东西时，就开始自己磨透镜，装配显微镜。虽然他的学问不多，不能像胡克那样用几个凸透镜装成复式显微镜，然而他磨制的透镜的质量却特别好，能将物体放大到200多倍，它们使列文虎克看到了许多人从来没有看到过的东西。

开始，列文虎克只是在显微镜底下观察蜜蜂的螫针、蚊子的长嘴、昆虫善跳的腿。可后来有一次，他将浸泡过干草的水滴放在显微镜下面看了看，可了不得，原来在这样一滴小水滴里，竟有无数形状不同的活泼的微小生物在那里游动，这是多么令人惊奇的发现呀！列文虎克有一位做医生的好朋友，他知道这个发现的意义和价值，就建议他不要将这一发现看作是自己的秘密，而应向英国皇家学会报告。从1673年开始列文虎克就向英国皇家学会寄去大量报告，其中有报告说，他从干草浸液里观察到了"大量难以相信的、各种不同的极小的活泼动物，它们的活动相当优美，来回地转动，也能向前和向后、向一旁转动。"他还报告说，"在这样的一滴水中，能够居聚着大约270多万个微小活泼的动物"。这个报告使英国皇家学会的学者们感到不可思议，曾经委托两位秘书也弄一架显微镜来看一看，他们证实了列文虎克的发现。1680年，列文虎克因这些发现而被吸收为英国皇家学会会员。

列文虎克兴致勃勃地追踪着这些活泼的微小动物。1683年他把自己剔出的牙垢放在显微镜下观察，看到了更小的微小生物，它们"几乎像小蛇一样用优美的弯曲姿态运动"。1702年，他观

在显微镜下，列文虎克看到了一个微小生物的世界

察了雨水，在雨水里又看到了这种微小生物。列文虎克报告说："我用四天时间，观察了雨水中的小生物，它们远比用肉眼所看到的东西要小一万倍……它们在不停地运动着，就像在空气中飞来飞去的苍蝇……在一滴雨水中，这些微小动物要比我们全荷兰人多许多倍……"

列文虎克的发现不但引起英国皇家学会科学家们的惊奇，这个消息还惊动了俄国的彼得大帝，他当时正隐姓埋名地在荷兰学习造船技术，也曾专门去列文虎克那里观察了显微镜下的小生物。不久，英国女王也大驾光临，亲自看了列文虎克报告的结果。

现在我们知道，列文虎克在显微镜下看到的微小生物，一种是原生动物；还有更小的，就是后来巴斯德他们研究的微生物。微生物是一个人类以前不曾知道的，有着庞大家族的微观世界，列文虎克是发现这个微观世界的第一人。后来的科学家的进一步研究发现微生物对人类的生活既有很大的贡献，也带来不少的灾难。

列文虎克在1723年以91岁高龄去世。他生前用自己的双手磨制了400多个透镜，大多数都很小，有的只有针尖那么大；放大倍数都在50倍以上，最大的达300倍。他对自己的技术保守秘密，但在他去世后，这些透镜全部馈赠给了皇家学会。

（严　慧）

# 74　物种是逐渐变化而来的
## ——生物进化论的提出

地球上生存着那么多种类的植物和动物，它们究竟是怎样来的呢？按照神创论的说法，一切都是上帝创造的。就连创建生物进化论的生物学家达尔文,一开始也是这样认为的。1831 年,他参加了"贝格尔"海军考察船的环球科学考察,在最初写的观察日记中,他还认为:"上帝有一个伟大的计划……生物就是根据这个计划被创造出来的。"达尔文曾经打算按照这个思想来解释他所见到的生物世界。

达尔文 1831 年参加环球科学考察时 22 岁,1836 年返回英国,历时五年,横渡了大西洋,绕过了南美洲,经过太平洋到达澳洲海岸,又经过印度洋的许多岛屿,绕过非洲南部再回到南美洲。最后返回英国的时候,达尔文根据他在五年当中所观察到的大自然中的动植物存在着那么丰富的品种和大同小异的现象,对生物的神创论从根本上产生了怀疑。

举例来说,1835 年 3 月,达尔文在海拔 6954 米的安第斯山脉中考察时发现,生活在山脉两侧的生物,虽然所处的经度大致相同,土壤和气候条件也差不多,但是山脉两侧的生物从形态上看,却有极大的差异。如果说生物是上帝所创造,就应当万世不变,到处一样,但在事实上为什么会相差那么大呢?

又比如,在加拉帕戈斯群岛,这个群岛有 10 个大岛和 23 个小岛,生活在各个岛屿上的动植物,虽然都有美洲大陆生物的特征,但又有各自的差异,生活在这个岛上的海龟和那个岛上的海龟,龟甲的形态就不大一样。达尔文共捕捉到 26 只雀科的莺鸟,它们是生活在不同岛屿上的,虽说是相同的种,可是它们的嘴的长短和粗细,也都呈现出差别。

更使达尔文不解的是,1832 年 9 月和 1833 年 8 月,达尔文两次在南美的巴马巴斯大草原考察,发现了 9 种巨大的四足兽的化石,其中有一种名叫剑齿兽。达尔文仔细研究了它的化石,发现它竟具有现代一些动物的特征,而这些动物在现代已经根本不是剑齿兽了。那时的剑齿兽的眼睛、耳朵和鼻孔所在的位置,竟和现代的儒艮和海牛十分相似!

怎样来解释这些千差万别的差异的出现和逐渐发生的变化呢?达尔文认为,只有用"物种是逐渐变化的"的理论来解释,才是合理的。他说,有无数事例说明每一种生物都很美妙地适应着它们的生活习惯,生

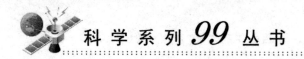

物产生的各种差异，在自然环境里，接受着自然环境条件的选择，能够适应的，就生存下来；不能适应的，就被淘汰灭绝了。我国用"物竞天择，适者生存"这样八个字将这番意思很精练地概括表达出来了。

达尔文提出的进化论，不仅适用于自然界，也适用于在人工环境下生长的动植物。它们在人工环境下生长，那就要接受人工的选择，这一点很好理解，产奶多的牛，下蛋多的鸡，长肉多的猪……还有多汁的西瓜，高产的稻子，酸甜的苹果……这许多深受人们喜爱的动植物，哪样不是人类经过多年选择培育，使它们按照人们的需要而进化的结果呢！

达尔文提出的生物进化论，对"神创论"，也就是"物种不变论"是致命的打击，这个理论是 19 世纪三大发现中的又一大发现。

根据达尔文提出的生物进化论的观点，不可回避地要回答一个富有爆炸性的问题：既然生物是在漫长的过程中进化而来，那么，人类呢？人类是怎样来的？

这个问题，在当时的神学中本来早有回答，他们说，亚当是上帝造的男人，上帝又从亚当的身体里抽出一根肋骨，做成了女人夏娃。他俩的后代就是人类。可是达尔文在 1871 年发表的《人类起源和性选择》论文中回答说：人类也是通过变异、遗传和自然选择，从古猿进化而来的。

这个理论对于当时的宗教的冲击实在是太大了。为解决这当中的争论，1860 年 6 月 30 日，在牛津举行的一次英国科学促进会的会议上，主教威尔伯福斯主持了一场大辩论，由于达尔文的性格比较温和，不太善于言辞，这场辩论是由坚决支持达尔文观点的另一位生物学家赫胥黎参加的。

会议一开始，先发言的是一位名叫欧文的解剖学家，他解剖过许多种动物，很有权威。他提出，将大猩猩的脑子和猴子的脑比较，差异是够大的了，但如果将人的脑和大猩猩的脑相比较，那差异就还要大得多。这意思是说，达尔文认为人是由古猿进化而来的理论是不可能成立的。接着，主教威尔伯福斯走向讲台，盛气凌人地向着赫胥黎说道：

"关于人是从猴子传下来的信念，我倒要请问：与猴子发生关系的，是你的祖父这一方，还是你祖母的那一方呢？"

听到这样尖刻而嘲讽的问话，会场上的700位听众哗然。这时，赫胥黎从容镇定地走上讲台，充满信心地回答说："关于人类起源于古猿的理论，当然不能像这位主教大人做这样粗俗的理解，那只是说，人类是从类似猴子的古猿动物进化而来的。现在，既然主教大人并不是用心平气和、研究科学的态度来提出问题，所以，我只能这样回答，在主教大人看来，无尾猿只不过是一种智力低下、龇牙咧嘴、只会吱吱地叫着的可怜的动物。我过去说过，现在再说一次，一个人没有理由因为有猴子作为他的祖父而感到羞耻。而叫我感到羞耻的倒是这样一种人，他惯于信口雌黄，粗暴地干涉他根本不理解的科学问题。他只能避免辩论的焦点，用诡辩的言辞来转移听众的注意力，企图煽动一部分听众的宗教偏见来压倒别人，这才是真正的羞耻！"

赫胥黎的一番雄辩驳得主教哑口无言，面红耳赤，而参加会议的听众却报之以热烈的掌声。赫胥黎自豪地称自己是"达尔文的斗犬"，他一生最伟大的功绩是普及和捍卫达尔文主义。

（严 慧）

# 75 20 世纪惊人的发现
## ——早期生命演化大爆发的物证

1984 年 7 月，中科院南京地质古生物所侯先光等科研人员，在云南省澄江县帽天山发现了一批动物化石群，它们属于生活在距今约 3.5 亿年寒武纪早期的动物。令人惊叹的是，这些化石经过亿万年的变化，还保存着表皮、纤毛、眼睛、肠胃、消化道、口腔、神经等各种软组织，有一些动物化石甚至还能看到它们消化道里未经消化的食物和已经消化形成的粪便。这样的化石是十分罕见的，它们向人们展示了活着时的形象和生活方式。通过这些化石，使人们看到了许多现在已经灭绝的动物，它们包括海绵动物、腔肠动物、腕足动物、环节动物、节肢动物等四十多个类群的一百多种动物，展现了当时众多生物突然出现的生命大爆发情景。

化石中有一种被称为云南虫的动物化石，这种动物现在已经看不到了，它只有几厘米长，全身由二十多节组成，奇妙的是它有一个贯穿着全身的管状构造。这管状构造是云南虫的什么组织呢？南京地质古生物研究所陈均远教授和来访的波兰学者认为，它是云南虫的脊索。脊椎动物是由脊索动物进化而来的，人们一般认为脊索动物的出现是在寒武纪中期，云南虫的发现将脊索动物的出现向前推进了 1500 万年，真是一项令人振奋的新发现。

还有一种很凶猛的海中动物——奇虾，它的身体可长达 2 米，口的直径就有 25 厘米那么大，有一对巨大的前肢，用来捕捉食物。它是靠捕食弱小动物生活的，这表明，在当时的动物世界中，已经开始形成比较复杂的食物链，这种生态结构和现在生物界的生态结构已经颇为相似。

澄江动物化石群的发现的意义在什么地方呢？100 多年前，英国的生物学家达尔文创立了生物进化论，这种理论认为，生物是由共同的最原始的祖先经过极其漫长的时间，由简单到复杂、由低级到高级逐渐进化的。物种在生存斗争中，经过自然选择，能适应环境的生存下来，并且在生存中不断有发展变化。达尔文的进化论否定了上帝或神创造世界的谬论，是一重大突破，但强调的是单样性的渐变。

而澄江动物化石群的发现，表明在那个时期，已经出现了大量个体很小、生态系统内部已经达到高度组织化的多门类带壳动物。现今几乎所有的动物门类，在寒武纪初期已有了各自祖先的代表。地球上的动物在那个时期出现了多样性的革命性飞跃，构成了生命大爆发的壮观景象，并且奠定了现代生命存在形式的基本框架。澄江动物化石群的发现，用达尔文的生物单样进化的理论来解释就不够完整了，所以科学家们认为：生物的进化过程，既有渐变演化，也存在着重大的突变演化，这两种演化是相互交叉着进行的。

澄江动物化石群的发现，对生物进化理论有重要的突破和补充，所以被国际古生物学界称为 20 世纪最惊人的发现之一。澄江县帽天山保存着世界自然文化遗产，将来要在那里建立起集文化保护、科学研究与普及以及旅游服务为一体的寒武纪公园。

（严　慧）

# 76　周口店的"龙骨"
## ——北京猿人化石的发现

在北京的西南郊，有一处名叫周口店的地方，在那里开采石灰岩的工人，常会发现一些很像骨头的"石头"，人们不知道它是化石，就称作"龙骨"，把它卖给中药铺，可以作为一味中药。

1918 年，一位名叫安特生的瑞典地质学家和考古学家来到周口店附近，发现了被当地人称做"龙骨"的动物化石，很感兴趣，就组织发掘，找到了一些石英的碎片，它们不是本地的石头，安特生意识到它们可能是原始人用的石器工具，就又扩大了挖掘的范围。到 1926 年夏天，他们已经在这里发现了两颗人的牙齿化石，说明这里确有原始人生活过。这则消息通过《亚洲的第三纪人类——周口店的发现》的报道向全世界宣布，引起世界性的轰动——中国曾有 50 万年以前生活过的原始人！

发掘工作继续进行着，我国的地质和考古学者们也都参加进来了。1929 年 9 月 26 日，我国 25 岁的考古学家、古生物学家裴文中开始主持发掘工作。一天，在发掘的现场发现了一个窄小的洞口，它不像天然的裂隙，而像人为的小洞，大小刚刚可够一个人出入，裴文中和他的同事们系上绳索下到洞底，结果在洞底发现了许多动物的化石。12 月 2 日下午 4 时，借着微弱的烛光，裴文中忽然发现了一个人类头盖骨化石，当时这个头盖骨一半露在外面，一半埋在土里。裴文中感到全身热血沸腾，意识到自己已得到了震惊世界的发现。他们等不到第二天，连夜就将它完整地掘了出来，并且在第二天一早就向中国地质调查所送去报喜信。

人们这样激动是很好理解的。因为在这之前，人们在德国等地已发现过早期猿人的化石，但是没有得到学术界的公认，没有被承认是人类进化过程中的直立猿人。北京猿人头盖骨的发现为直立猿人在人类进化过程中的存在地位和达尔文的"从猿到人"的伟大学说提供了有力的证据。

从发掘出来的化石看，北京猿人生活在大约 50 万年以前，他的头盖骨低而平，脑壳比现代人厚一倍，脑容量相当于现代人的 80%；他已经能够直立行走，而且手已被解放出来，能够制造各种石器用来打猎和肢解、刮削猎物。而且他们已经学会了用火，并且显然会保存火种——这是人类进步的象征之一。火使北京猿人有了熟食，还可以用来驱吓野兽、夜间照明和取暖。这说明他们已经逐步脱离了动物界而正在进化成为真正的人类。

令人惋惜的是，1941 年抗日战争期间，我国早期发掘出来的北京猿人头盖骨和其他化石，在转移中失踪，至今下落不明。

（严　慧）

# 77  柳树吃什么长大？

## ——植物对水的需要

人要吃饭，植物同样也要"吃饭"才能长大，那么它吃些什么呢？看上去这真是一个十分简单的问题，植物既然生长在土壤里，那当然是靠土壤长大的啰。

1629年，有一位名叫海尔蒙脱的比利时医生、炼金术士忽然想到用实验来验证一下这个看法。

他将90千克烘干的泥土装在一个大木盆里，在盆里栽下一棵2.25千克重的柳树，按时给柳树浇水，柳树就在水盆里一天天地长大。春去秋来，柳树发芽长新叶又落叶，海尔蒙脱又把落叶都收集起来。

5年过去了，小柳树已经长成了大柳树，海尔蒙脱将柳树从土壤里挖了出来，晒干，再把5年来收集的落叶加在一起，称了称它的重量，重76.5千克，比5年前的2.25千克增加了74.25千克；他又把木盆里的土壤和树根上落下的土壤归集到一起，晒干，再称称它的重量，仅仅减少了约57克。

既然5年来土壤几乎没有减少重量，那就是说，植物不是靠

这重量是靠什么增加的呢？

151

土壤长大的。那么柳树增加的重量是从哪里来的呢？也就是说，它是靠什么长大的呢？

海尔蒙脱想起他经常给柳树浇的水，他认为，柳树生长的唯一来源就是水，是柳树把水转化成为自己的组织成分。

当然，后来的实验和研究证明植物的生长并不那么简单，而是后面我们将要介绍的光合作用。不过，要知道，海尔蒙脱的实验是在三百多年以前进行的，他是第一个用定量的方法去研究有关生物学问题的人，而且他确实发现了植物的营养物主要不是来自土壤，发现了植物的生长离不开水。所以，人们有时还尊敬地称他是"生物化学之父"呢！

（严　慧）

# 78　薄荷枝救活小白鼠
## ——植物光合作用的初步发现

在18世纪的时候，研究气体性质的化学家们已经知道，如果将蜡烛放在玻璃罩里燃烧，当蜡烛熄灭以后，那么，呆在玻璃罩里的小白鼠就会很快死去。化学家们解释说，这是因为，空气被燃烧过，它变成了"污浊"的空气，小白鼠是不能在这样的空气里活下去的。

可是，在1771年8月18日，著名的英国化学家普里斯特利发现，如果在这样的玻璃罩里放上一株青翠的薄荷枝，那么，当蜡烛熄灭以后，小白鼠在这里面照旧可以平安地生活下去。这就是说，有活着的植物在，就能使原来被污浊了的空气重新变得新鲜，小白鼠能在这样的环境里活下去就是证明。

当时，普里斯特利对于自己的这一发现感到十分高兴，消息马上传开了，学生们也纷纷前来向他祝贺，还请他去参加当天晚上为他举行的庆祝会。

庆祝会持续到很晚，普里斯特利回到家里，意犹未尽，又到实验室去看了看，奇怪，那只活蹦乱跳的小白鼠，现在竟直挺挺地躺在那儿——死了！

玻璃罩下的小白鼠，为什么白天能活，晚上却死了呢？

普里斯特利感到纳闷，就又重复进行了同样的实验，得到的都是同样的结果：如果是在白天，特别是天气晴朗、日光充足的时候，玻璃罩里放上活着的植物，小白鼠在污浊的空气里是可以活下去的，放进蜡烛也能点燃；但到了夜晚，小白鼠就会表现出难受的样子，时间一长它就死了，当然，蜡烛也是不可能点燃的了。

普里斯特利发现了活着的植物在白天有使污浊的空气重新变得新鲜的能力，但是晚上不行。至于这里面的道理是什么，当时的普里斯特利没能找到答案。尽管这样，英国皇家学会仍旧认为这是普里斯特利的重大发现，1773年，颁给他一枚奖章。

普里斯特利未能进一步说明道理的实验结果，不久被他同时代的一位植物生理学家，荷兰人英根豪茨做出了初步合理的科学解释。1779

年，英根豪茨在英国工作期间，也对植物作了类似的观察，他指出，绿色植物吸入污浊的空气，放出新鲜的空气，这种情况只能在有光照的条件下进行。而在黑暗中，植物同样要消耗新鲜的空气而放出污浊的空气。用今天的正确说法就是：植物在光照条件下进行了光合作用，使污浊的空气（即二氧化碳）变成了新鲜的空气（氧气）；而在黑暗中，植物也是要吸入氧气而放出二氧化碳的。这个解释可以合理地解释普里斯特利的小白鼠为什么白天能在有树枝的玻璃罩下存活，而到了夜晚就会死去。

英根豪茨的发现和解释比普里斯特利更接近植物光合作用的发现，他第一次正确指出了阳光对绿色植物生命活动的作用。也就是说，英根豪茨通过他的实验，说明了自然界中生态平衡的主要图景：植物在阳光照射下，消耗由动物产生的二氧化碳，同时放出氧气，而氧气又提供给动物以维持生命。植物和动物的活动力导致了生态平衡，而地球上的氧和二氧化碳，也将因此而不致消耗殆尽或生产过剩。

（严　慧）

# 79　绿叶的贡献
## ——光合作用制造碳水化合物的发现

虽说普里斯特利和英根豪茨都已先后基本上弄清，植物在有光照的条件下能吸收污浊空气中的二氧化碳，并放出生命所需要的氧气，使大自然中的二氧化碳与氧气达到一种生态平衡。然而植物在这种条件下形成的气体变化，意味着植物内部在进行什么样的活动，还是一个有待揭开的秘密。

地球上的植物起着维持地球上所有生命的作用，植物能够自己长大，而动物则靠吃植物和植物提供的果实和谷物生存；就是靠吃动物为生的肉食动物，那些被吃的弱小动物也是靠吃植物为生的。

这样，就有植物生理学家猜想，植物有给自己制造食物的本领。根据已有的实验结果，推测植物的这种功能一定是在有光照的条件下完成的。这个过程应该是：

$$二氧化碳十水 \xrightarrow{阳光} 碳水化合物 + 氧$$

1862年，德国植物学家萨克斯设计了一个实验，来探索其中的秘密。他选择了一株植物，分别在上午、傍晚和深夜三段时间，从上面各摘下一片叶子，再用打孔机从这三片叶子上各取下面积一样大的三片小圆片，再将圆叶片烤干，放到精密的天平上称。结果发现，三片小圆叶片的重量并不相同：上午的较重，傍晚取下的叶片最重，而深夜的最轻。

为什么不同时间取下的叶片，面积虽然相同而重量不同呢？萨克斯又做了个实验，他将三片叶片都放到酒精里去煮，使叶绿素消失，绿色的叶片变成白色的。萨克斯在白色的小圆叶片上各滴一滴碘酒，差别又出现了：上午取的叶片呈现较深的蓝色，傍晚取的叶片呈现出很深的蓝色，而深夜取的叶片蓝色较浅。淀粉遇到碘是会变成蓝色的，于是萨克斯找到了很有说服力的证据，说明植物通过叶绿素，在阳光下将二氧化碳和水（还有其他矿物质）制成了淀粉。

淀粉是碳水化合物的一种。上午的叶片较深较重，说明叶绿素已在阳光下开始了一段工作，制造出了一部分淀粉；傍晚的叶片最重，蓝色最深，说明绿叶经过一天的工作，制造出来的淀粉最多；至于到了深夜，没有了太阳，绿叶停止了工作，没有制造淀粉，只有消耗，它当然表现得最浅最轻了。

这就是植物的光合作用。正是有了植物的这种光合作用，地球上所有的动物（包括人）才有了食物；正是有了光合作用，地球上所有的生

将碘酒滴在除去了叶绿素的叶片
上，上午、傍晚、深夜取的叶片，呈现
出深浅不同的蓝色

物（包括植物）才有了赖以呼吸的氧气，这就是绿叶的贡献。

1865 年，萨克斯出版了他的专著《植物的实验生理学手册》，里面记载了他的这一著名实验。萨克斯在海尔蒙脱、普里斯特利、英根豪茨等人研究的成果上，进一步指出，植物之所以能够将二氧化碳和水转化成组织成分，同时释放出氧气，这个过程必须是在有光线的照射下，在植物的叶绿体内经叶绿素的催化而进行的。他还指出，植物像动物一样也在呼吸，呼吸消耗氧气，放出二氧化碳。

不过，关于植物体内的叶绿体究竟是怎样进行光合作用的细节，则在大约一个世纪以后，才由新一代的生物化学家完成。

萨克斯一生享有国际盛名，波恩、波伦亚、伦敦大学都曾赠他名誉博士学位。1877 年，德国巴伐利亚皇室还封奖他以贵族的称号。

（严　慧）

# 80　放射性"侦察兵"的帮助

## ——卡尔文循环的发现

　　植物究竟怎样自己给自己制造食物，从 17 世纪海尔蒙脱进行的柳树实验开始，经过了三百多年好几代植物生理学家的努力，已经基本上搞清楚了：绿色植物借助阳光，将空气中的二氧化碳和根部从地下吸收上来的水，进行一番化学作用，使它们变成了淀粉和糖，并且将在化学作用过程中产生的氧气，释放到空气中，这叫光合作用。正是植物的光合作用，不仅养活了植物自己，还养活了地球上的一切动物，其中也包括人类。而且，所有动物（也包括植物自己）呼吸所需要的氧，也全部依赖植物的光合作用提供。

　　光合作用的意义是这么重大，因此，深入进行研究，彻底揭开植物光合作用的秘密，具有吸引科学家的魅力。因为，植物光合作用的机理一旦被揭开，就意味着人类可以建立模拟绿叶的化工厂，人工制造淀粉，生产粮食。

　　然而光合作用是在植物绿叶内部进行的，人们看不见，摸不着。放射性同位素的发现，给人们对二氧化碳进入绿叶以后所进行的化学变化，提供了示踪依据。

　　1949 年，美国生物化学家卡尔文利用放射性同位素碳-14 制成二氧化碳，进行了一系列的生物化学分析。因为放射性同位素碳-14，在化学作用过程中始终具有放射性，让植物的绿叶吸收这种二氧化碳进入体内进行光合作用，就好比派了一支化学侦察兵进入植物内部，通过仪器随时可以知道它们在哪里，在起什么作用。

经过连续地检测，通过放射性碳-14 在植物体内所发生的变化，卡尔文逐渐弄清楚了，植物的绿叶吸收二氧化碳以后，并不是像人们原先所想象的那样，首先将二氧化碳分解还原，而是有一个接受体先将二氧化碳固定，生成有机化合物磷酸甘油酯，又经过一系列的酶反应，将从水中分解出来的氢运给二氧化碳，形成了碳水化合物。这其中，磷酸甘油酯还可以在光合作用的过程中循环发生作用。

卡尔文这一系列研究所得到的发现，被称为"卡尔文循环"，它初步揭示了植物在光合作用中，二氧化碳和水在植物组织内部发生化学变化和生成营养物质的循环途径。

为此，卡尔文获 1961 年诺贝尔化学奖。

不过，对于绿叶"光合化工厂"的秘密，至今还未完全揭开。一旦人们搞清了光合作用的全过程，那么，人们就有可能在工厂里，只是利用二氧化碳和水做原料，经过阳光的照射，就能制造出糖、淀粉、蛋白质、脂肪等只有植物才能制造出来的各种营养物质，那时人们就不再担心饥

光合作用的秘密一旦揭开，人们就可以利用阳光，直接将二氧化碳和水在工厂里制成各种营养物了

饿；而且还可以节省出大量从事农业劳动的人力，去开拓人类的文明事业。

（严 慧）

# 81　曲颈瓶里的肉汤

## ——否定"自然发生说"的实验论证

生命是怎样产生的，这是世界上最神秘、最诱人，也最难以回答的问题。

古代的学者认为，创造生命的只有上帝。后来人们看到淤泥中钻出虫，腐烂的肉会生蛆，便认为生命是自然生成的。我国古代就有"腐草化为萤"的说法，意思是，萤火虫是草腐烂以后变化而生成的；在西方，则有人相信，青蛙是在日光照射下，从泥土里产生出来的；还有人认为在一头牛的尸体里会自然地产生出蜜蜂。甚至到了 17 世纪，前面我们讲到的做柳树实验的医生海尔蒙脱（见《柳树吃什么长大》），他就设计过一个实验，在一个容器里装上一些小麦颗粒或者干奶酪，再塞进一些脏破布，三个星期以后，在这个容器里就会"自然"地生长出苍蝇。这就是古代学者们所"发现"的"自然发生说"。

生命的"自生说"一直存在了二千多年，历史进入 17 世纪，有的学者开始不相信这种学说。1688 年，意大利医生雷迪设计了一个简单的实验就推翻了这个学说。雷迪的实验是这样的：他把两块肉分别放在两个瓶子里，其中一个瓶子开着口，另一个瓶子口上蒙着一层纱布。后来，有苍蝇飞进开着口的瓶子里，不久，这个瓶子里就有了小黑粒的蛆，又由蛆变成了苍蝇；而另一个蒙上了纱布的瓶子里，则没有生蛆，后来也就没有自然"生"出苍蝇来。所以，雷迪用这个实验说明，肉里"生"出苍蝇，是因为有苍蝇飞进去在肉上面产了卵，才会孵化出蛆，再由蛆长成苍蝇；如果隔绝苍蝇飞进去的途径，例如盖上一层纱布，肉

是不会自然生出苍蝇来的。因而，生命的"自然发生说"是不成立的。

雷迪的实验已经靠近科学，然而他没有使用显微镜，用纱布盖着装肉的瓶子，没能飞进去苍蝇虽然不会生长出苍蝇来，但是它会长霉，会腐败；在显微镜下，可以清楚的看到一滴水中，游动着无数的小生命，它们不是自然发生的，又是从哪里来的呢？因此，"自然发生说"仍旧没能被推翻。

到了 18 世纪，意大利生理学家斯帕朗札尼将雷迪的实验做了改进，他用三组圆肚细颈的大玻璃烧瓶，擦洗干净后放上几粒豌豆，装上清水，然后，第一组瓶子只在火上烧一会儿，第二组、第三组瓶子都在火上烧一小时。封口时，第一、第二两组的瓶子是将瓶口的玻璃在酒精灯上烧熔后，用玻璃密封的；第三组瓶子只塞上一个普通的软木塞。过若干天后再检查这三只瓶子的变化：第一、第三两组的玻璃瓶里都已充满微生物，只有第二组瓶子里清清亮亮，没有任何变化。

斯帕朗札尼解释说，第一组瓶子里出现微生物，因为加热不够，水里原有的微生物没被杀死，所以后来繁殖起来了；第三组瓶子里原有的微生物虽然被加温杀死了，但软木塞未能阻止空气中的微生物进去，所以后来也有微生物繁殖起来；只有第二组的瓶子里，由于经过了高温处理，又隔绝了空气进入，生命是不会自然发生的，所以清清亮亮。斯帕朗札尼认为，通过这组实验，足以证明生命只能来自母体，而不能自然发生。

但是反对的人说，这是因为斯帕朗札尼用高温杀死了瓶内液体存在的"生命力"，才使生命不能自然发生，并不能证明生命是不能自然发生的。

到 19 世纪，法国化学家和微生物学家巴斯德，用他著名的曲颈瓶实验进一步反对"自然发生说"。他制作了一些形状特殊的 S 形长颈瓶，瓶里装着新鲜的肉汤，瓶颈口敞开朝下，空气可以进入瓶中，但空气中的尘埃和微生物孢子会被瓶颈弯曲的部分阻挡住，而不能到达肉汤中。当把瓶中的肉汤煮沸杀菌后，在空气中放置很长的时间，瓶里的肉汤都不会腐败，而一旦切断瓶颈弯曲的部分，让空气和其中的尘埃及微生物孢子可以自由流进瓶中，不久，瓶中的肉汤就会因为微生物繁殖而腐败。

巴斯德在这组实验的基础上，又做了一系列的实验，他说："我使它（指曲颈瓶）隔绝了空气中的种子，也就是使它隔绝了生命，因为生命就是种子，种子就是生命。自然发生生物的学说绝对不能复兴了，因为这种实验已经给生命自然发生说以致命的打击。"

巴斯德的这个实验在科学上确实有它的贡献，它说明了产生腐败的原因来自空气，这无疑是个有重要意义的发现，特别在食物等防止腐败变质上有实际意义，但同时也给人类的科学研究出了一个难题：既然生命不是神造的，也不是自然发生的，那么，它是从哪儿来的呢？这个问题等待科学家们进一步探索。

（严慧　冯中平）

# 82　在雷电交加的夜晚
## ——探索生命起源之谜

生命"自然发生说"沉默了几十年后，瑞典物理化学家阿伦尼乌斯提出了一个"外来说"。他认为宇宙中漂荡着一种生命孢子，它的外表包裹着一层厚厚的壳，能耐寒保水，有很强的生命力。当这种孢子落在地球上后，就产生了生命。所以阿伦尼乌斯说："生命是从来就有的，不必追究它的起源。"

20世纪50年代初，在美国芝加哥大学，著名化学家和天体化学家尤里的实验室里，新来了一位年轻的化学家米勒。米勒也是美国人，很有主见，一开始，就选择了自己最感兴趣的课题进行研究。这个课题是已经争论了好几个世纪的大难题：生命是怎样产生的。

1952年，尤里提出了一个假设：原始的地球大气成分并不像现在这样，而是和太阳系的其他行星相似，它主要由甲烷、氨、氢和水组成。这些都是构成生命物质氨基酸的成分。它们一定是受到一种强大的自然力的作用，形成了生命物质。这个理论使尤里的学生，这位年轻的化学家米勒产生浓厚兴趣。他想，这个强大的自然力会是什么呢？一定是具有强大能量的雷电。晚上他躺在床上，脑海里就会呈现一幅图画：几十亿年前，在海边，在雷电交加的夜晚，生命在寂静的地球上诞生……

这样壮观的景象是不可能重复出现的了，但是不是可以在小规模的范围里进行模拟实验呢？于是米勒在一个容器里，配制了由甲烷、氨、氢和水组成的混合物，然后对混合物连续进行一周的人工火花放电，一切都犹如米勒想象中的海边的那个雷电交加的夜晚。这就是米勒－尤里试验。

第8天时，奇迹发生了，在容器中果然出现了5种氨基酸，它们都是构成生命的基本物质啊！在以后的二十多年中，科学家们仿照米勒－尤里实验用紫外线代替火花放电，或者用电子束照射，又合成了十几种氨基酸。

尽管生命起源之谜至今还未完全解开，但米勒以他丰富的想象力和卓越的实验，使人类对生命起源的认识向前跨进了一大步。现代科学告诉我们，在几十亿年前，地球上的生命最早是由无生命物质发展而来的，将来人们也能用无生命物质来合成生命。用简单的实验企图说明生命是自然发生的，这当然不科学；但试图绝对否定生命是由无生命物质，在一定的条件下发展而来，也是有局限性的。

（严慧　冯中平）

# 83  银幕引起的惊奇

## ——南极企鹅的发现

1947 年的一天，德国一家电影院里正在放映一部美国探险队在南极考察的纪录片。——瞧，那笨拙的海豹在冰面上嬉戏，成群的企鹅正摇摇摆摆地向前奔跑，它们那副滑稽的绅士派头，引得观众阵阵大笑。

这时，坐在后排的一个观众，突然站了起来，并急匆匆地跑到前边。他似乎忘记了影院的规矩，也没有发现观众不满的目光，竟站在屏幕前看了起来。他那着魔的神情，仿佛要把整个银幕都吞下去似的。

可是当企鹅的镜头一结束，他却大步走出了电影院。

这位奇怪的观众叫库尔姆·比盖尔，是德国的一位动物学家，专门研究企鹅。不用说，刚才银幕上引起他注意的自然是企鹅了。

的确如此，要说企鹅，比盖尔是再熟悉不过了。他对当时人们已经发现的 17 种企鹅，无论外貌、特征和生活习性都很清楚。可是刚才出现在银幕上的几只企鹅，与这 17 种都不相同，尽管只有一点儿微小的差别，却逃不过这位企鹅专家的眼睛。

比盖尔怕自己看错了，特意跑到最前边。好在这组镜头很长，他又看得十分仔细，所以他敢肯定这是一种还未被发现的新企鹅品种。

**你好！南极企鹅**

不过，探险队里也有动物专家呀，这样明显的事实，他们怎么会没有注意呢？

为了搞个明白，比盖尔立即乘飞机赶往新西兰。因为他打听到，探险队由于疏忽，确实未曾注意到这种生活在南极的企鹅与其他企鹅的差别，而把一批从南极带回的动物卖给了新西兰动物园。在那里，他果然找到了自己在电影屏幕上看到的那种企鹅，顿时欣喜万分。

经过仔细鉴定，这的确是企鹅的一个新品种。比盖尔给它取名"南极企鹅"。

机遇偏爱有准备的头脑。看来，只要处处留心，什么时候都有可能有所发现。

（冯中平）

# 84  鸟声引来成功
## ——橙黄眼霸鹟的发现

1982 年的一天，在秘鲁北部的热带雨林中，有位长发大胡子的学者手持砍刀，一边艰难地行走，一边不时地停住脚步，聆听周围悦耳的鸟声。他就是美国路易斯安娜大学的鸟类学专家泰德·帕克，长期艰苦的野外生活，使他显得有些疲惫和苍老。

忽然，一种奇异的鸟叫声吸引了他，帕克停下来，仔细地听着。

"这声音多脆亮啊，可是我怎么好像从来没有听到过？"

帕克长期在野外工作，幽静的大自然使他保持着灵敏的听力。在南美洲，他每天身背 23 千克重的磁带录音机，在潮湿闷热的雨林中奔波，用 5 年的时间录制了几千种鸟叫声。帕克将这些声音分类注册、编成档案，并像学习外语那样经常熟悉它们。功夫不负有心人，现在他能准确分辨出的鸟叫声足有上千种。

然而，这次听到的鸟鸣，却让帕克犯难了，他怎么也辨别不出是哪种鸟来。

"也许这是我没有见过的鸟！"

想到这里，帕克兴奋极了。于是，他循着鸟声慢慢走去。

在茂密的藤蔓缝隙中，帕克看到了这只鸟。

"咳，不过是只普通的霸鹟类食虫鸟。"帕克有点失望了。

"不过，它的叫声怎么与霸鹟鸟不同？其中一定有原因。"帕克犹豫了一下，还是果断地举枪击落了它。

帕克走上前去捡起鸟来，仔细研究着。他惊喜地发现，这鸟虽然外观与霸鹟鸟很相像，却还是有些微小的差别，特别是那对橙黄色的眼睛。没错，这是霸鹟类食虫鸟中的一个新种！现在，帕克已经有了绝对的把握。

"哈，你能瞒过我的眼睛，可瞒不过我的耳朵！"

在这空寂无人的森林里，帕克举着鸟儿得意地大叫。

帕克给新发现的鸟取名橙黄眼霸鹟，并用这只击落的鸟制成标本。从此，在科学家的鸟类档案里，又增添了一位新成员。

几声鸟叫就带来了科学发现，是不是太偶然，太容易了？

不，请想想看，假如没有帕克长期辛勤的野外工作，这种"偶然"他能碰上吗？而且，假如帕克没有辨别上千种鸟鸣的本事，他又怎么能确认这个发现呢？还有，假如帕克当时主观地认定那不过是一只普通的霸鹟类食虫鸟，而不寻根究底，那，这个到手的发现不是也会失掉吗？

（冯中平）

# 85　能退烧的树皮

## ——金鸡纳树的发现

打摆子，医学上的名称叫做疟疾，这种病发起来的时候，先发冷，再高烧，很有规律，一天一次，隔天一次，或者三天一次。因为它是由一种叫做按蚊的蚊子叮咬传染的，所以在多水、潮湿、炎热的南方比较多见；而北方因为气候干燥、寒冷，蚊虫少见，打摆子这种病也就很少了。

500 年以前，哥伦布受西班牙国王的派遣，于 1492 年发现美洲新大陆以后，西班牙就以殖民主义者的身份占领了拉丁美洲。但是，由于拉丁美洲气候潮湿炎热，蚊虫很多，很多到拉丁美洲的殖民官员都得了疟疾，一会儿发冷打战，一会儿又高烧不已。这时，西班牙的传教士胡安·洛佩斯就向当地的印第安人酋长请教，他们用什么办法可以治疗这种令人痛苦的疾病。印第安酋长送给洛佩斯一块树皮，说喝了用这种树皮煎的水，病就可以痊愈。果然洛佩斯用这种树皮治好了洛哈市的殖民官员德卡塔斯的疟疾，接着，西班牙驻秘鲁总督夫人安卿·辛可伯爵夫人的疟疾，也是喝了用这种树皮煎的水治好的。

这是什么树的皮，怎样才知道它的水能治疟疾呢？原来这是当地印第安人的发现。传说有一个印第安人，打摆子发高烧，又难受，又口渴，爬到一个小池塘边，趴下去喝了几口塘水，水好苦呀！但他实在太渴了，顾不得许多，又大口大口地喝了个够，一会儿就觉得轻松了许多，不久病也好了。印第安人再看这塘，原来有许多树倒了，浸泡在池塘里，将塘水泡得很苦，这大概就是塘水给自己治好了打摆子的缘故吧！印第安人把自己的发现告诉同伴，同伴又告诉同伴，事情就传开了。这池塘，在厄瓜多尔洛哈省的马拉卡斯多地区，这种树，叫金鸡纳树，印第安酋长给洛佩斯的就是金鸡纳树的树皮。1439 年，金鸡纳树皮可以用来退烧的消息，由伯爵夫人的侍臣正式传了出来，并且成为欧洲一味著名的解热药。金鸡纳树皮的出口也就完全由西班牙控制，西班牙国王和王子还曾下令要很好地保护这种珍贵的树木。

喝了几口这塘里的水，病就好了

不料，后来到拉丁美洲的英国人偷了几颗金鸡纳树的树种，带到气候条件差不多的印度尼西亚的爪哇岛试种，取得成功，并在那里建立了大规模的金鸡纳树种植园。

1826 年，法国药师佩雷蒂埃和卡文杜从金鸡纳树皮中提取出奎宁和辛可宁。从此，奎宁成为治疗疟疾的特效药。

但是奎宁有一些副作用，现在人们一般都用副作用很小的氯奎代替了。

（严　慧）

# 86  心脏就像太阳
## ——血液循环的发现

　　血液在人体里是怎样流动的呢？早在公元 2 世纪的时候，一位名叫加伦的古希腊医学家，他长期在罗马生活，是一位一直被医学界公认的绝对权威。这位医学家认为，血液是肝脏制造出来的，进到心脏，再由静脉分布到全身，生成肌肉，血液流动是一种直线运动。

　　因为当时的社会严格禁止解剖尸体，加伦医书中的解剖图几乎全是根据动物内脏画成的，所以加伦不可能对人体有很正确的研究和了解。但是，由于加伦是当时最著名的学者，在医学、解剖学、哲学、数学等方面都有很深的造诣，因此他的看法和著作都被看作是权威和经典，受到人们的尊重和崇拜，从而加伦的观点统治了欧洲的医学界长达一千四百多年。

　　到 16 世纪时，有两位解剖医学家，根据自己对人体的解剖和研究，对血液的直线运动开始产生怀疑。1543 年，一位名叫维萨里的比利时解剖学家，发表了划时代的 7 卷本著作《人体构造论》，第一次比较精确地描绘了人体结构，并指出了加伦关于心脏、静脉等的描述是错误的；1553 年，一位名叫塞尔维特的西班牙医生，更进一步确认血液自右心室流入左心室，经过肺做迂回流动。尽管这两位学者还没有完整地提出血液循环的观点，结果他们都因为背叛了加伦的定论而遭到不幸的结局。维萨里被控告搞异教邪说，抢夺和解剖尸体，几乎被判处死刑，后来因为他与王室的关系，改为判处他到圣地去进行一次朝拜，结果在朝圣回来途中，船遭到破坏，维萨里就这样死于海上，这年是 1564 年。

至于塞尔维特，他的结局更惨。他的学说为教徒们所不容，虽然他并没有犯下罪行，却被宗教裁判所判处死刑，被活活地烤了两个小时以后烧死。

但是这一切并没有吓倒热爱真理的英国青年医生哈维，他对加伦的学说也产生了怀疑。这怀疑开始是由计算产生的。哈维根据加伦的学说进行了计算，一个人的左心血室里只能容纳大约 56.69 克血，每分钟心跳 72 次，那么，每一个小时从心脏输出的血液就是：

56.69 克×72×60＝244.9 千克

这个重量大约是一个人的体重的好几倍，更何况一天有 24 个小时，按照加伦血液在人体中是直线运动的理论，肝能制造出这么大量的血液来吗？显然是解释不通的。

怎样解释才合理呢？哈维说："我开始想到血液在人体中会不会是一种循环运动呢？就像大自然里的水循环那样，太阳将地面上的水晒热，变成水蒸气，升到空中，然后又冷凝成雨水降落到地面，这样地球上的水才不致枯竭，哺育着万物生长。而心脏，就是人体里的太阳，它像一个水泵，每一次搏动都促使着血液的流动，同时滋养和哺育整个身体生长。"

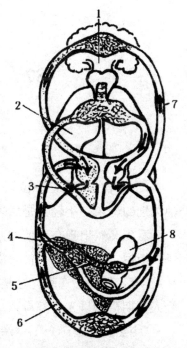

**哈维的血液循环示意图**
1. 脑 2. 肺 3. 肺循环 4. 肝 5. 门静脉 6. 体循环（血液流至躯体） 7. 体循环（血液流至头部） 8. 肠图中有点的部分是静脉血管，无点的部分是动脉血管

又经过进一步的细致研究和解剖，哈维终于发现了血液的循环运动，1628 年，哈维发表了名著《心脏运动论》。简单地说，哈维血液运动的理论是：新鲜的血液由左心房出发，进入左心室，通过动脉流向全身，给身体的各部分组织带去氧气和

营养；再通过静脉，携带着身体各部分组织排出的二氧化碳和废物回到右心房，流进右心室，又经过肺动脉，通过肺部，将二氧化碳放出，携带上新鲜的氧气，经过肺静脉，回到左心房，再进入左心室，又开始出发。血液就是这样在人体里循环不已，而使血液不断流动的，全靠心脏的收缩，并且心脏使血液不管是在动脉还是静脉，只能沿一个方向流动。心脏确实是人体的太阳，它的功能确像一只水泵。

（严　慧）

# 87　不称心的礼物
## ——色盲的发现

1793 年的一天，一位兴高采烈的年轻人从城里回到乡下，去看望他久别的母亲。年轻人是后来英国著名的化学家道尔顿。

看到突然出现在面前的儿子，母亲高兴极了，他们紧紧地拥抱着。

饭后，儿子拿出一件装潢讲究的礼物。

"噢，妈妈！您瞧，这是我从肯德尔城给您买的长袜。喜欢吗？"年轻人用期待的目光望着母亲。

"当然。不过……"母亲仔细地看了看袜子后，面带难色地说。

"不过什么？"儿子急切地问道。

"孩子，妈妈已经是上年纪的人了，这样鲜艳的袜子，我怎么好穿出去呢？"

"怎么，这种深蓝色不是挺稳重的吗？"

"你说什么呀，孩子。这袜子是红色的，像樱桃一样红呢！"

"是红色的？"年轻人默默地自语着，并想起一件往事——

有一回，他穿了一件鼻烟红的上衣在街上走。可是碰到的一位朋友却说："您这件绿外衣真不错。"他认为这是朋友在跟自己开玩笑，也就没有在意。

可这次是怎么回事？母亲是决不会开这种玩笑的。看来，问题出在自己的眼睛上。现在是该认真研究一下这其中的缘故了。

道尔顿开始是研究气象学的，后来他的志趣转向了研究化学。在化学研究中对化学药品、化学变化中的颜色辨认，是很重要的条件。在化学研究中，道尔顿进一步发现自己的眼睛在颜色的辨别上，确实有与正常视力不相同的地方，比如说，他从来没有看到过红颜色，别人认为是红颜色的，他看去则是灰色或深蓝色。于是他对这种视力上的差异做了进一步的研究，他发现，确有看不见某种颜色的人，有的是看不见红色，有的是看不见绿色，也有红色绿色全都看不见的，还有看不见蓝色和黄色的。最突出的是什么颜色都看不出来，五彩缤纷的世界在他的眼中只是一片灰色。

道尔顿把这种看不见颜色的现象称为色盲，并且于1794年在曼彻斯特发表了一篇学术报告，题为《论色盲》，这是第一篇关于色盲的报告，也可以说是道尔顿第一个发现了有色盲的人。

对道尔顿来说，色盲给他的生活，特别是化学研究带来了小小不便，但也给他带来过特殊的幸运。1832年，当他获得牛津大学博士学位时，穿着鲜红的牛津大学博士礼服去进见威廉四世皇帝。作为贵格会教徒，是不能穿鲜红色衣服的。但道尔顿冷静地宣布，作为红色盲，他看不见鲜红的颜色，鲜红的颜色在他看去是灰色的。于是，道尔顿得以穿着鲜红的博士服进入宫廷会见了威廉四世皇帝。

色盲的发现是一个重要的发现。它有红色盲、绿色盲、红绿色盲和蓝黄色盲，什么颜色也看不出来的是全色盲。色盲对某些工作是不适宜的，例如驾驶员、食品烹调师、化学师、服装设计师等等，所以，在升学和求职时，在体格检查中有的需要做色盲检查。

（冯中平　严慧）

# 88 旁观中得到的启发
## ——麻醉剂的发现

1799 年的一天，英国著名化学家戴维走进自己的实验室。他似乎闻到一股甜丝丝的气味，不一会儿，折磨了自己一夜的牙痛突然消失了。

"奇怪，难道是这甜丝丝的气味治好了牙痛？"戴维感到疑惑。

他仔细在实验室里检查起来。啊，原来是一只容器没有封严，里边的一氧化二氮气逸散到空气里了。看到容器上的标签，戴维不由地笑了，他想起物理学家帕多伊斯来拜访自己时，曾发生过的一件事——

帕多伊斯是个开朗、好动的人，两人说到高兴时，他便连连挥动手臂。结果，没防着碰倒了一只装着一氧化二氮的玻璃瓶，瓶子掉在地上，摔碎了。他们赶忙蹲下收拾，谁知玻璃碎渣还没有扫拢，两人突然相对大笑起来。他们无法控制地笑个不停，直到离开实验室很长时间，才止住了笑。

以后，戴维便给一氧化二氮起了个别名——笑气。他认为：人吸入一氧化二氮后之所以大笑不止，是因为面部肌肉麻痹、失去了控制而造成的。今天牙痛的事情说明，笑气还具有麻痹神经的作用。戴维把这一切都仔细地记录了下来。

然而，这些特点并未给笑气带来有益的用途。在近半个世纪中，它只用来给一些无所事事的人开笑气晚会，甚至被当成迷幻药。1844 年的一天，在美国的哈尔福德城，有位叫科顿的化学家正在做街头游戏表演。他告诉观众，谁吸进他瓶中的气体，就会愉快地发笑，还能安然入睡。不用说，这气体就是一氧化二氮。

人群中一个叫库利的药房店员大胆地站出来，自愿试试。当吸入气体后，他果然大笑起来，并兴奋地又蹦又跳。不小心，他被椅子绊倒在地，鲜血顺着裤腿流了出来，可是库利却全然不知，没有一点儿疼痛的表情。

这件事引起了一名观众的注意，他叫韦尔斯，是个美国

打碎了装一氧化二氮的玻璃瓶，两人突然相对大笑起来

牙科医生。韦尔斯给病人拔牙时，病人那种痛苦不堪的样子，常使他目不忍睹。多年来，他一直在寻找一种理想的麻醉剂。今天看到的这一切，使韦尔斯产生了希望，他确信库利是因为神经受到麻痹才没有感觉到痛苦的。

韦尔斯决定先在自己身上试验。他吸入一定量的笑气后，请助手拔去了自己的一颗牙齿，果然一点儿也不觉得疼。韦尔斯高兴极了，因为他终于找到了性能优良的麻醉剂。

1845年，他在一家医院演示用笑气麻醉做手术，不知是麻醉剂的效力不够，还是患者的情况特殊，手术失败了。韦尔斯立即被当成骗子，被轰出了医院。

但是，韦尔斯的遭遇并没有吓倒那些勇于进取的人，与他一起合作试验的莫顿继续研究。在过了一年之后，1846年9月他成功地用了乙醚麻醉拔牙；12月，又用乙醚麻醉，成功地切除了一个病人颌部肿块，终于使麻醉法得到了医学界的公认。1920年，莫顿被收入纽约大学的伟人录。同时，历史也没有忘记韦尔斯。1848年，巴黎医学会公开宣布韦尔斯为麻醉气体的发现者。可惜，韦尔斯没能听到这个好消息，他

因为在自己身上试验笑气、乙醚、氯等的麻醉效果，健康及精神都大受影响，不久前已自杀身亡了。

（冯中平）

# 89  圣马丁的胃
## ——胃液消化功能的发现

食物进入动物的胃里，是怎样被消化的呢？有人认为，消化大概和烹调差不多，食物进入胃里，由胃把它"加热"了。但是人们又问：对于冷血动物来说，比如鱼，它并没有体温，食物进入胃里怎么被"加热"呢？然而，食物确实被鱼消化了。

也有人根据人有时打嗝，从胃里返出酸水的现象，认为消化就是食物被酸分解了。但是，如果人们用酸的醋去浸泡食物，食物并没有被消化掉呀！

1822 年，一个名叫圣马丁的法籍加拿大青年，被流弹打中了腹部，请美国外科医师博蒙特给他治疗。博蒙特检查发现，圣马丁的腹腔壁和胃都被打穿了，吃进去的食物一会儿就从胃里流了出来。后来，经过了很长时间的治疗后，伤口虽然长好了，但是腹腔壁与胃部之间却遗留下一个洞口——瘘管，平时要用纱布将瘘管口托住，以免吃到胃里的食物漏出来。

这时博蒙特突然产生了一种想法：我何不利用这个洞口观察研究一下食物在胃里是怎么被消化的呢？1825 年，他把圣马丁请到自己家里居住，通过胃的瘘管口吸取胃液做实验。

博蒙特把实验分成两部分，一部分是研究各种食物在胃里的自然消化过程，它是人体内的实验；一部分是将胃液抽出来，研究它对各种食物的作用情况，它是属于试管或容器里的实验。

博蒙特在圣马丁身上进行了近100次的体内实验，最典型的一次记录是："9点钟吃早饭，食物为面包、香肠和咖啡，坚持锻炼；11点30分，胃已排空约2/3，气温29℃；检查时胃在进行明显的收缩一扩张运动；12点30分，胃已全部排空。"这个实验记录表明，食物在胃里停留大约3～4个小时。

博蒙特在试管里进行的实验也有多次，其中一次典型的记录是："2月7日上午8点30分，将一些煮熟的鳕鱼肉泡在取出的透明的胃液中，到下午1点30分，胃液中浸泡的鳕鱼肉几乎全部溶解，只剩下大约1/5。此时胃液不再透明，成为像牛奶似的白色。到下午2点，鳕鱼肉全部溶解了。"

1825～1833年，博蒙特一共进行了238次实验，博蒙特说，他发现"胃液是一种天然溶剂，能溶解各种食物"，"胃液对食物的作用纯粹是一个化学变化过程。"

博蒙特把自己的实验观察结果，写成《胃液和消化生理的实验和观察》一书，于1833年出版。

科学家们认为：博蒙特观察的虽然只是圣马丁一个人的胃，但是它却代表了人类胃的消化过程和胃液的功能，在实验医学还未获得先进技术的条件下，得出了许多正确的结论，澄清了一些混乱概念。博蒙特的实验为后来科学家进一步研究消化的秘密，开辟了新的研究途径。

（严　慧）

# 90   显微镜下的奇迹
## ——传染病源的发现

    1856 年的一天，法国一家大酿酒厂的老板来到里尔大学，向一位年轻人求助。原来他们厂酿制的葡萄酒和啤酒，本来质量是上乘的，可是放的时间一长，总有许多会变酸，每年都要因此损失上百万法郎。老板期望他能发明一种化学药品，来阻止葡萄酒变质。

    这位年轻人叫巴斯德，就是前面那篇《曲颈瓶里的肉汤》中提到的化学家和微生物学家，当时是法国里尔大学化学教授和理学院院长。接受了这项委托后，巴斯德习惯地拿起他研究晶体时常用的显微镜，来观察这些酒。他发现：未变质的酒中有一种圆球状酵母细胞，而发酸的酒里是一种长形酵母细胞。事情很清楚，即圆的酵母是帮助制酒的原料发酵，产生酒精的微生物；而酿好的酒为什么又会变酸呢？当然是那些长形酵母在酒里发挥了不好的作用，在酒中制造了大量乳酸的结果。怎样才能防止酒不再变酸呢？只有把那些长形酵母杀死。于是巴斯德告诉酒厂老板，当酒酿好以后，给酒缓缓加热，杀死酒中的酵母菌，再将酒坛密封起来就行了。老板听说吓了一跳，那样做不是将制酒的酵母也一起杀死了吗？巴斯德解释说，其实酒已经酿好，不再需要圆球状酵母发挥作用了，而长形的酵母杀死后，就可以防止酒变酸了。

    为了说服酒厂老板，巴斯德先用自己建议的方法对少数几桶酒做实验，过了一段时间再将酒桶打开，酒香扑鼻，果然没有变质。巴斯德建议的方法真灵验，不但酒变酸的问题解决了，后来还被广泛用在牛奶、肉类等食品的防腐处理上，人们亲切地称之为"巴斯德灭菌法"。

9年后，一种可怕的病疫造成蚕的大量死亡，法国南部的丝绸工业面临灭顶之灾。人们再次向巴斯德求援。巴斯德本是一位化学家，其实他对养蚕一点也不熟悉。但是他有一样"法宝"——显微镜。巴斯德带着他的显微镜来到南方。在显微镜下，他从碾碎的病蚕中看到了昆虫学家用肉眼未能看到的东西，那是一些寄生在蚕身上的极微小的寄生生物——巴斯德将它们称作微粒子。正是这种微粒子，置蚕于死命。巴斯德提出，销毁所有染了病的蚕和桑叶，不要同健康的蚕和桑叶放在一起。这一办法果然奏效，挽救了蚕的瘟病，法国的丝绸业终于起死回生了。

显微镜下发现的微粒子也启发了巴斯德，他想到人类中的各种传染病一定也是由病菌引起的。巴斯德利用自己的崇高威望建议所有的医院，把手术器械、绷带纱布煮沸消毒，以杀死病菌，防止感染。这项建议被采纳后，医院的死亡人数立刻大大减少，外科手术的成功率也提高了许多。

巴斯德一次又一次的成功，使人类终于认识了病菌，并开始了征服病菌的里程，同时使他从一位化学家成长为一位微生物方面的专家，也是防止人、畜传染病的专家。无论在当时或现在，人们都公认他是历史上最伟大的科学家之一，而在这一系列伟大的发现中，他总没有离开那架小小的显微镜。

在这一系列伟大的发现中，巴斯德总没有离开那架小小的显微镜

（冯中平）

# 91 手指上的密码
## ——指纹鉴定的发现

苏格兰医生福尔茨，1860 年去日本东京筑地医院讲授生理学。在平时的生活接触中，福尔茨发现，日本人有一种独特的习惯，他们在文书上不用签名的方法，而是按手指印表示负责。还有的人家，将自己的手印按在大门上，作为主人的标记。

福尔茨好奇地想：是不是因为每个人自己的指印都和别人不相同，才这样做呢？于是他收集了许多人的指印，一一对比研究，果然每个人的指印都是独特的！

有一天，附近的一户人家被偷了。只见那家刚刚刷白的墙壁上，留下了小偷翻墙时按下的黑黢黢的手指印。福尔茨想，何不利用这指纹去寻找小偷呢？正在这时，有人告诉他，警察已经把小偷逮住了，只是那小偷死活不承认。福尔茨请警察同意他将这个人的手指印按下来，警察同意了。经过比较，这两个手指印不相同，福尔茨告诉警察，这个人确实不是小偷，警察就把他放了，这个人很感激福尔茨为他洗刷了冤枉。又过了几天，警察又逮住一个嫌疑犯，这次把他的指纹和墙上留下的指纹一比较，完全一样，指纹证实了，小偷无法

杯上果然有偷窃者的指纹

再狡辩，只好认罪。

于是福尔茨想，如果采用核对指纹的方法去查找罪犯和证实罪犯，那对警察局办案就会提供许多方便。这时，警察带了一只杯子来找福尔茨，原来这家丢了东西，只找到一只留下了指纹的杯子，想请福尔茨根据那上面的指纹帮助查出小偷。福尔茨细看杯子，上面果然有指纹，不过这次是手指上自带的油脂印留下来的。福尔茨这下更高兴了，因为并不需要将手指弄黑弄油，才能显出指纹；而是每个人身上的油脂腺，天然的就会把指纹留在手指按过的地方。福尔茨将这家仆人的指纹一个一个和杯子上指纹相比较，发现有一个仆人的指纹和杯上的指纹相同，于是起诉了这个仆人，接着这个仆人也承认了。

于是，福尔茨认为，用指纹去鉴定一个人的身份，绝不会搞错。指纹鉴定法给司法工作带来一场革命。1880 年 10 月 28 日，福尔茨把自己的发现和研究成果，写成论文发表在英国的《自然》杂志上，题目是《识别犯罪的第一步》。

其实，按指印不单在日本，在我国也早已成为习惯，凡是文书契约都是按指印来代表本人对此负责，但将它提炼为一种科学技术——指纹鉴定法而加以应用，却不能不说是福尔茨的发现了。

（严　慧）

# 92　没有臭味的污水

## ——石炭酸消毒作用的发现

1865 年的一个傍晚，在英国爱丁堡城郊的一条小路上，工作了一天的利斯特医生正在散步。他不断舒展着双臂，尽情呼吸着新鲜空气，欣赏那夕阳西下的绚丽景色,一天的疲劳似乎都消除了。

忽然,他在一条污水沟边停住了脚步,并久久沉思起来。

难道是这污水沟吸引了他?

的确如此。因为这沟里的污水与别处不同,水体十分清亮,没有一点儿臭味,浮在水面的树叶草根也不腐烂。

"看来这污水中一定含有某种能防腐的东西。"他自言自语着。

利斯特是爱丁堡医院的外科大夫,他精明能干,手术也做得干净漂亮,曾挽救过不少人的生命。但遗憾的是,许多病人尽管手术做得很好,却往往因为手术后伤口感染化脓,最后依然痛苦地死去了。

利斯特知道,这个杀人的凶手就是能使人感染得病的细菌,有的致病细菌是法国著名微生物学家巴斯德不久前发现的。巴斯德曾用加热的办法杀死了啤酒中的乳酸杆菌,使啤酒能保存较长的时间不致变质。可是这个办法怎么能用在病人的伤口上呢?利斯特想另寻一条灭菌的途径。所以,当利斯特发现这不腐臭的污水沟时,便立刻密切关注起来。

经过一番调查,他了解到这污水是一家提炼煤焦油的化工厂排放的。这家工厂在生产中有一种叫石炭酸的副产品,因为没有什么用,就露天堆放着,有时就溶在污水中一起排走了。这污水不臭也许正是里面含有石炭酸的缘故。

这个意外的发现使利斯特异常兴奋,"石炭酸能杀死污水中的细菌,说不定也能杀死使病人伤口感染化脓的细菌呢!"他决定立刻就试一试。

于是,手术前,利斯特专门收集了一些石炭酸,用石炭酸来清洗手术器械和自己的双手;手术后,他又用经石炭酸浸泡过的绷带包扎病人的伤口……果然,采取了这些措施以后,病人手术后化脓的情况立刻大大减少,伤口也很快长出新肉、迅速愈合了。

试验成功了,石炭酸的确是一种理想的外科消毒剂,并很快在各地医院推广应用。这曾被工厂弃置的废物,由于利斯特的细心观察而被发现了具有独特的用处,在外科手术中大显身手。

石炭酸学名叫苯酚，苯酚还是制造塑料、染料、香料、医药、农药、防腐剂等的重要原料。

（冯中平）

# 93 一块有斑点的土豆
## ——固体培养基的发现

科赫是19世纪德国一个偏僻乡村的医生。除了看病以外，他还喜欢做科学研究。为此，他把自己本来不大的诊所，又用布帘隔成了两半。白天，科赫在布帘外为村民看病；到了晚上，他就躲进布帘那边的实验室，开始干自己喜爱的事情。

实验室里摆着大大小小的瓶子，里面长满了用肉汤培养的细菌。科赫每天的工作，就是用显微镜观察从瓶中取出的细菌。

不过近来，科赫的耐心好像不够了，他常常突然气恼地站起来，长叹一口气。原来，生长在肉汤里细菌的种类太多了！球形的、杆状的、长的、扁的，混杂在一起，让人无法研究它们各自的习性和生长规律。

"怎么才能培养出单一纯种的细菌来呢？"这个问题科赫已经考虑过很久了，可是至今也没有想出个好办法来。

"亲爱的，快来看！这土豆怎么长了许多的斑点？"这时，他听到妻子的喊声。

科赫走进厨房，拿过妻子手中的土豆。这是一块半生不熟的土豆，表面上长了许多白色和红色的斑点。

"这大概是细菌。"说着，科赫拿着土豆，习惯地走进了实验室。

他把白色和红色的小斑点分别切下来放在显微镜下观察。不错，那小红点是一种球形细菌，小白点则是一种杆状细菌。令人惊异的是这两种细菌虽然同生长在一块土豆上，相互间却没有混杂，都是单一的纯种细菌。

一块普通的土豆竟有分离细菌的本事，真是不可思议！科赫经过认真思考后认识到：因为土豆是固体，细菌在上面不能随便移动，只能就地繁殖。可是在肉汤里就不同了，各种细菌就像鱼儿在水中一样，可以自由往来，当然就混在一起了。

土豆表面长出不同的斑点，原来是不同的细菌菌落

发现了这个原因后，科赫立即想到用土豆来做分离细菌的培养基。他把各种细菌分别接种在土豆的表面，希望能得到单一的细菌菌落。谁知事情并不顺利，一次次的实验都失败了，能在土豆上存活的细菌太少了。科赫想：大概是土豆里的营养太少了，不足以供细菌生长吧！

科赫一直在苦苦思索，有一天，在思索中不觉自言自语起来："什么东西才是既有肉汤那样丰富的营养，又有固体特性能做培养基的材料呢？"

一向关心又深深理解科赫的妻子在一旁听到了，答话说："琼脂呀！琼脂可以和肉汤搅和在一起，而冷却后可成为胶冻。"

妻子的话使科赫大受启发，琼脂就是我们平常用来做果冻的那种胶状物，是从海藻中提取出来的。于是科赫将琼脂和营养丰富的肉汤搅和在一起，待冷却后再将含细菌的液体一小滴一小滴地滴在上面，在那上面果然分别生长出各种各样的细菌菌落，有黄的、白的、红的、青的、光滑的、毛茸茸的，科赫成功地培养分离出了单一的细菌。这样，就有可能分别对每种细菌的性质一一进行研究，找到使人生病的细菌病源，再针对致病的细菌，研究出制服致病细菌的方法。

这就是科赫由发现导致发明的琼脂固体培养基。利用这种方法，科赫成功地分离出了若干种致病的细菌，其中最卓越的发现是：1882 年，科赫发现了使人得肺结核病的致病病源——结核杆菌。为此，科赫于1905 年获诺贝尔医学和生理学奖，人们公认他是现代微生物学奠基人之一。

至于科赫发明的琼脂固体培养基分离培养细菌法，在 1887 年由他的助手佩特里稍加改进，改为将培养基放在带玻璃盖的玻璃浅碟中培养，既便于观察，又避免空气中的细菌落在上面，干扰培基菌的单一性。这种佩特里碟，一直被沿用至今。

（冯中平　严慧）

# 94　脚气病与鸡饲料
## ——维生素缺乏症的发现

1890 年的一天，在荷兰医生艾克曼所主持的细菌实验室里，发生了一件事：用来做细菌研究实验的小鸡突然间得了病，一只只无精打采，从症状看很像是脚气病。这个现象引起了艾克曼的注意。脚气病是在东印度群岛一带居民中流行的疾病，病人手足麻木，全身软弱无力、疼痛，腱反射消失，严重的甚至全身瘫痪，发生心力衰竭。艾克曼于1886 年带来一支医疗队，就是研究脚气病的。

在 19 世纪 60 年代，巴斯德的细菌学说建立后，人们很自然地认为，世间一切疾病都是由病菌引起的，并循着这条路子研究脚气病，艾克曼和他的医疗队也不例外。可是，许多年过去了，工作没有什么进展，一起来的同事也都一个个回国了，最后只剩下了艾克曼还坚持在岗位上。医疗队自动解散后，艾克曼就在当地一所医务学校的细菌实验室里主持工作。多年来，他一直没有放弃对脚气病的研究。现在，看到实验室的小鸡突发脚气病，艾克曼感到这是研究脚气病的一个好机会，可以好好查一查得脚气病的原因，心中不免有些高兴。

开始，艾克曼仍旧按照过去的路子，想寻找引起脚气病的病菌。他将病鸡移至别处，与健康鸡关在一起，试图使健康的鸡染上病，以证明引起脚气病病菌的存在。不料，健康的鸡不但没有病倒，连病鸡也渐渐康复了。

这个奇怪的现象使艾克曼摸不着头脑，同时也使他对脚气病病菌的存在产生了怀疑，并意识到应该换个研究的方法了。艾克曼开始对鸡的各方面进行了解分析，经过调查，他发现，原来负责饲养鸡的人员是从军医院的病房中，将病人吃的精白米饭用来喂鸡，而将买鸡饲料的钱克扣下来据为私有，因此使鸡得了脚气病。后来移到另外养鸡的地方，养鸡的人用饲料的钱买了带米糠的糙米喂鸡，得脚气病的鸡的症状就消失了。

这么看来，得脚气病的原因不是由于细菌的感染，而是由于饮食的不合理？艾克曼又选择了一群完全健康的小鸡，每天用精白米喂养它们，果然不久小鸡便一只只患上了脚气病。接着，他又改用带米糠的米喂鸡，很快小鸡的病又都痊愈了。后来，又做了大量的实验，证明了引起脚气病的根本不是病菌，而是缺少了米糠中所含的一种营养素。艾克曼第一次确认，脚气病其实是由于食物中缺乏某些不可少的成分引起的，而且只要有微量的补充，就可避免这种病的发生。这就是我们今天说的"营养缺乏症"。受当时实验条件的限制，艾克曼没能将这种"营养素"分离出来，但是他的发现开辟了另一条从生物化学的角度，也就是维生素缺乏症的角度去认识疾病的病源，正确进行预防和治疗的方法。

"维生素"这个名词是在 1906 年由英国生物化学家霍普金斯提出来

的；1912年，日本的生物化学家铃木岛村和大岳从稻米壳中提取出一种可治疗脚气病的物质；同时，波兰出生的英国化学家冯克从1吨稻米壳中提炼出450克结晶状的抗脚气病营养素，它就是最早的维生素$B_1$。后来科学家们继续发现，人体需要的维生素其实是一个大家族。

维生素的发现开创了一个医学科学的新时代，是20世纪的伟大发现之一。

艾克曼和曾揭露维生素对人体健康重要性的英国生物化学家霍普金斯，共获1929年的诺贝尔医学和生理学奖。

（冯中平　严慧）

# 95　医院大门的阻挡作用
## ——体虱传染斑疹伤寒的发现

1902年，法国细菌学家尼科尔接受了突尼斯巴斯德研究所所长的职务，举家来到这片贫瘠落后的国土。

尼科尔本来在法国一所医学院任教，工作和生活条件都十分优越。但是为了更好地研究斑疹伤寒这种病，他毅然决定去非洲。突尼斯是斑疹伤寒的高发地区，他决心这回一定要把斑疹伤寒的病因弄清楚。

斑疹伤寒是一种传染性极强的病，得病的人接连高烧不退、头痛、眼结膜充血、浑身有斑纹状皮疹，病人很痛苦，死亡率也很高，不仅当地的居民容易得，就连治病的医生护士也难免感染上。可是疾病的传播源却一直未找到，也就一直未能找到有效的防治方法。

经过一段时间的观察，尼科尔注意到一个现象：尽管斑疹伤寒传播得很快，但病人一住进研究所的医院，病就不再蔓延了。

"真奇怪！难道医院的大门能把传染病挡住？"

想到这里，尼科尔自己也感到好笑。但是，事实就是事实，尼科尔开始注意起来。又经过一段时间的认真观察，尼科尔终于对这一点确信不疑。

原来，医院里规定：所有住院的病人，都要在医院的进门口处换下自己原来的衣服，用肥皂彻底洗澡后，再穿上医院发的病人服。这样做了之后，病人就干净整洁地住进病房。

看来，传播斑疹伤寒的坏东西一定藏在衣服里，在医院门口换下旧衣服时，它也被留在了医院外面。

尼科尔想，"那坏东西会是什么呢，衣服上会有什么呢？"

尼科尔仔细地察看了病人们脱下的衣服，无一例外，上面很脏，而且还有虱子。"难道会是虱子传染的吗？"尼科尔猜想。

为了进一步证实自己的想法，尼科尔先用黑猩猩做实验，得到了证实；又用豚鼠实验，也得到了证实。毫无疑问，就像蚊子传播疟疾和脑炎一样，虱子是传播斑疹伤寒的罪魁祸首！

病源是找到了，可在当时，消灭虱子并不是容易的事情，尤其是在落后的非洲，尼科尔和他的同事们为此花费了许多心血，直到1944年，人们采用瑞士化学家米勒发明的DDT，大量消灭虱子以后，问题才得到根本解决。在第二次世界大战中，盟军的军队中也流行斑疹伤寒，后来就是用DDT消灭了虱子，才使斑疹伤寒不再流行。随着虱子的消灭，斑疹伤寒也渐渐绝迹。

1902年，尼科尔来到突尼斯。1909年发现斑疹伤寒由虱子传播，因此获1928年诺贝尔医学和生理学奖。尼科尔在突尼斯生活了30多年，一直到去世。他一生的主要研究成果，都是在这里完成的。

（冯中平）

# 96　烧水悟出的道理

## ——内耳与眼球颤动关系的发现

巴拉尼是奥地利耳科医生。作为一个耳科大夫，常常要为病人冲洗因发炎而化脓的耳朵。巴拉尼注意到：每次冲洗时，病人差不多都有晕眩的感觉。同时，病人的眼球也会不由自主地急速颤动。对这种耳科治疗中常见的现象，一般大夫都熟视无睹，可是巴拉尼却放在心里，想搞个明白。

有一次，巴拉尼正在给一位病人冲洗耳朵。病人忽然惊叫起来，他说：

"大夫，您用的水太热，我晕得难受！"

巴拉尼马上换了凉水给他冲洗，可是病人依然喊晕。他请求巴拉尼用跟体温相近的温水，给自己冲洗耳朵。病人说：

"我在家里就是用温水洗耳朵的，从来也没有晕眩过。"

果然，换了温水后，病人就不再喊晕了，眼球也没有发生颤动。

以后，巴拉尼就改用 37℃ 左右的温水给病人洗耳，大大减轻了患者治疗时的痛苦。

不过，晕眩到底是怎么产生的？为什么热水和冷水会引起这种症状，而温水却不会呢？巴拉尼总是想着这个问题。

一天晚上，巴拉尼在火炉上烧了一大桶水准备洗澡。他坐在炉旁，一边烤火、一边看书，并不时地将手放进水里，看水热了没有。

巴拉尼发现，桶里上部的水已经很热了，可下面的还是温的。他略略一想，就清楚了。这是因为受热后的水比重减小，就上升到了桶的上部。而冷水比重大些，自然就沉聚在下面了。

"热水上升，冷水下沉，温度会引起水的运动。"这个简单的道理突然使巴拉尼另有所悟，巴拉尼想到了人耳的构造，人的内耳有耳蜗管，它们管听觉；内耳的前庭装置中有三个半规管，它们是三个膜质的半圆形管道，里面充满了淋巴液。每个半规管的一端都有一个膨大的壶腹，另一端与别的管道相通。三个半规管在各自所在的平面之间彼此构成直角，提示它们分别感受到的三度空间中不同的旋转刺激，因此，半规管的功能是管身体平衡的。

烧水时巴拉克发现，上面的水已经很热，而下面的水还是温的

为什么用热水或冷水冲洗病人的内耳都会使病人感到晕眩呢？巴拉尼的分析是：用热水冲洗病人的内耳，使半规管里的淋巴液受热，比重减小，淋巴液就会自动上升，冲向半规管的壶腹，前庭装置受到了刺激，病人就感到晕眩；相反，如果用冷水冲洗内耳，半规管里的淋巴液受冷，比重加大，又会自动下降，离开半规管的壶腹，同样会使前庭装置受到刺激，也会产生晕眩的感觉。

这样，巴拉尼不仅找到了冲洗内耳的最佳温度，而且还找到了一种检验病人内耳的前庭装置是否健康正常或已经遭到损害的方法——因为如果用冷热水去冲洗病人内耳，而病人不产生晕眩感的话，那就说明病人的前庭装置已经被严重的耳病破坏了，不再能接受半规管内的淋巴液受热上升或受冷下降而产生的刺激作用。

1905 年 5 月，巴拉尼在奥地利耳科协会发表了《热眼球震颤的观察》论文，介绍了一种简单易行的热检验法，可以用来研究病人的平衡系统机能是否正常。这一方法也被称为巴拉尼检验法。

巴拉尼一生共发表了 184 篇科学论文，治疗过许多耳科绝症。为此，巴拉尼1914年获诺贝尔医学和生理学奖，以表彰他在前庭装置生理学与病理学方面的功绩。

但这时正是第一次世界大战期间，巴拉尼为了研究脑损伤而志愿参加了奥地利军队，在一次战斗中做了俄国军队的俘虏。后来几经周折，巴拉尼才收到得奖通知书，经瑞典红十字会代表卡尔亲王亲自调解，巴拉尼才于1916年从战俘营中解救出来，领到这份荣誉。

（冯中平　严慧）

# 97　南美洲的神秘毒药
## ——"箭毒"药物的发现

在南美洲的印第安人部落中，有一种神秘的毒药，人们把这种毒药涂在箭头上，无论是射到人或动物的身上，人和动物就会立即死亡，而且毫无解救的希望。因为这种毒药是涂在箭头上使用的，所以人们一般将它称做箭毒。

在印第安人的部落里，制造箭毒的技术是由巫医掌握的，充满着神秘和恐怖的气氛：需要举行仪式，还要施以法术，再将几种有毒灌木的根，加上毒蚂蚁、荨麻、毒鱼、蛇血、蛇头，配方十分复杂。还有的印第安人在煎药时又加进了蟾蜍、蜘蛛、蝎子等的毒液，还有木薯和小辣椒等等。总之这里面的秘密只有制药的巫医知道，而外人是不得而知的。

箭毒通过箭头进入到血液中，就能使动物致死，但是口服箭毒却没有关系。而且由于箭毒能使肌肉松弛，用毒箭射死的野物烧烤着吃，肉变得特别鲜嫩。尽管发现新大陆以后枪支已经进入南美洲，但印第安人仍旧偏爱用箭毒打猎。因为射箭没有声音，不会惊动别的猎物，箭毒也比买枪支火药便宜，更加上印第安人的箭法都是百发百中，而且箭毒射死的猎物的肉更加美味。

从16世纪以来，进入南美洲的西方探险家和植物学家对箭毒发生了兴趣，把它称作"神秘的南美洲毒药"，但始终也没打听出这里面的秘密。

20世纪40年代，一位白人来到了南美洲一个印第安人的部落里，他叫博韦，瑞士人。印第安人并不欢迎、更不信任到来的白人，博韦是冒着危险深入到印第安人的部落里考察的。当时他是法国巴斯德研究所治疗化学研究室主任，懂得医学，他给印第安人送医送药，对当地人又平等相待，很快得到了印第安人的信任，他们把博韦看做是自己的朋友。于是博韦很幸运地看到了箭毒

印第安人制造的箭毒，神秘而又可怕

进入野兽的血液以后，野兽如何呼吸迟缓、肌肉麻痹、最后窒息而死的过程。更不易的是，印第安人告诉他箭毒的配方、制作和使用技术，那其实是从几种灌木的根中提取出的汁液加以配制而成。

后来，博韦回到了法国，对用来制造箭毒的植物根的汁液进行了详细的分析研究。他用了8年的时间，弄清了这些植物根的汁液的基本化学成分，其实是一些生物碱。于是他就摆脱印第安巫医所施用的那一套巫术的配制箭毒的方法，而采用科学的化学方法加以合成。博韦一共合成出400种类似箭毒的化合物，而且应用的范围大大超越了印第安人仅仅用来猎杀野兽的箭毒。在博韦合成的药物中，其中最有医疗价值的是一种叫做琥珀胆碱的药物。琥珀胆碱可以做麻醉手术的辅助药，改善过去进行全身麻醉的效果，并减少麻醉药用量，减低麻醉深度，理想地达到使进行浅麻醉的人肌肉松弛，有利于手术操作和人工控制呼吸的目的。这就可使原来不适合进行深麻醉手术的人得以顺利进行手术。

博韦搞清楚印第安箭毒的秘密，人工合成了琥珀胆碱药物

由于发现了箭毒的药理作用和它的化学合成方法，博韦因此获1957年诺贝尔医学和生理学奖。

（严　慧）

# 98　吃鸡蛋带来的运气
## ——抗凝血剂的发现

路易·阿尔戈特是位阿根廷医生，他有一个美满的家庭，妻子也十分贤慧。

一天早上，阿尔戈特洗漱完毕后，坐下来吃早餐。他喝完了牛奶，又剥开一个煮鸡蛋。啊，这鸡蛋真不错，蛋白蛋黄都没有完全凝固，拿在手上软软的。

原来，妻子知道阿尔戈特喜欢吃溏心蛋，在煮蛋之前，特意加了一些平常用做饮料的柠檬酸钠。这样，鸡蛋就不会煮老了。

阿尔戈特吃得津津有味。可是，吃着吃着，他突然停了下来，望着手里剩下的半个鸡蛋直发愣。

这是怎么回事？

原来，他在想："柠檬酸钠既然可以阻止蛋清凝固，那是不是也能阻止血液凝固呢？"

我们知道，人体受了伤，只要一会儿工夫血流便会自动止住，这是因为血液中有一种叫血小板的物质，它能帮助血液凝固。但是，在给病人输血时，这种凝固作用就变得有害了。因为输血总是有个过程的，时间长了，血液便凝聚了。如果把凝成块状的血液输进人体的血管里，那就可能堵塞血管，影响血液循环，严重的还会危及到病人的生命。

当时，是 20 世纪初期，正值第一次世界大战爆发，每天都有许多从前线撤下来的伤员需要输血抢救。因此，如何防止血液的凝固就成了一个亟待解决的大问题。

同世界上许多医生、学者一样，那时阿尔戈特也在从事这方面的研究工作。今天早餐吃的煮鸡蛋，使他想到了一种阻止血液凝固的方法。

阿尔戈特决心用实验检验一下自己的推理，他在兔子的血液中，加入少量的柠檬酸钠，放置很长时间都没有发生凝聚现象。他把这种血液注入一只小兔的体内，小兔没有任何异常反应。几天过去了，小兔依然活蹦乱跳。

又经过大量的动物实验，阿尔戈特感到确有把握后，他把这种抗凝血液注射进人体，结果很好，病人一切正常，随着抗凝血液缓缓流进病人的血管，无数垂危的生命被拯救了。阿尔戈特发现的抗血凝方法，既简便又可靠，很快就推广到了全世界。柠檬酸钠主要作为体外抗血凝剂，用于采集血样和保存输血用的血液等。

（冯中平）

# 99　中国人治服了沙眼

## ——"汤氏"病毒的发现

沙眼是一种常见的眼科疾病，得病的眼睛发红发痒，眼皮里总好像揉着沙子。严重的，眼睫毛会倒翻进去，可导致角膜溃疡，甚至引起失明。

沙眼是会传染的，人们已经知道，引起沙眼的罪魁祸首不是细菌，但究竟是一种什么病毒或其他什么物质，却一直没有分离出来。

1954年，我国生物制品研究所所长、病毒学家汤飞凡教授和北京同仁医院眼科主任张晓楼教授合作，带领着一个研究小组，开始了研究。

翻开沙眼患者的眼皮，可以看到上面生长着一粒粒沙一样的小红点，大夫管它们叫滤泡或乳头，沙眼病毒就集中在这上面。

但病毒只能在活细胞里生活，一开始，他们用棉花从病人的眼睛里沾一点黏液，放在无菌的蒸馏水中冲稀，再注射到活的小白鼠的脑子里，他们希望沙眼病毒能在小白鼠的脑子里生长繁殖。可是，从201位沙眼病人的眼睛里取出的黏液，注射到2500多只小白鼠的脑子里，都没有培养出什么结果。

于是，他们改用正在孵化的鸡蛋，因为蛋里的胚胎在变成小鸡的时候，营养很丰富，起初也没什么发现。1955年8月，他们终于在几只鸡蛋胚胎的蛋黄膜上发现了一些小红点，他们认为，沙眼的病毒可能就聚集在这种小红点里面。

为了证明这种被培养出来的东西是不是沙眼病毒，他们将带小红点的蛋黄膜磨碎，用无菌的蒸馏水冲稀，先滴到猴子的眼睛里试试，因为动物当中只有猴子会和人一样得沙眼病。不久，猴的眼睛红肿起来，眼皮里长出了沙一样的小滤泡——猴得沙眼了。

最后的验证应该是从人体上得到证明，眼科研究所的大夫都愿意先在自己的眼睛里试验，但是汤飞凡和张晓楼两位教授却决定首先在自己的眼睛里试验，他俩互相在对方眼睛里滴进这种经过分离培养出来的沙眼病毒液——不久，他俩果然也患了沙眼，证明分离出来的确是沙眼病毒。

沙眼病毒分离成功的消息，在世界微生物界引起了极强烈的反响。人们对中国科学家填补了微生物科学的这一空白给予了很高的评价，将分离出的沙眼病毒称为汤氏病毒。有人认为这一成果是1958年世界医学的十大事件之一。

后来的研究又进一步发现，沙眼病毒并不完全具备病毒的特征，所以将它列在病毒和细菌之间，称为沙眼衣原体。

1981年5月11日，国际沙眼防治组织在巴黎举行隆重仪式，授予汤飞凡和张晓楼教授金质奖章。

（严　慧）